"十三五"高等职业教育计算机类专业规划教材

Photoshop CS6 图像处理

Photoshop CS6 TUXIANG CHULI

荣琪明　贺海英　主　编
王丽艳　副主编

中国铁道出版社有限公司
CHINA RAILWAY PUBLISHING HOUSE CO., LTD.

内 容 简 介

本书是一本 Photoshop CS6 图像处理快速学习教程，能帮助读者迅速精通 Photoshop 各大核心技术，成为图像处理高手。本书共分 15 章，结合 Photoshop CS6 知识和操作的介绍，提供了大量综合案例和课后练习。本书配套光盘中提供了素材、效果、视频、课件和习题答案等。

本书具有两个突出特点。一是知识含量高，用 14 章的篇幅较全面地介绍了中文版 Photoshop CS6 的基本使用方法；二是采用了理论联系实际的教学方法，结合知识点介绍了相关的案例，用案例带动知识点的学习。

本书适合作为高职高专院校的教材，也可作为培训学校的培训教材，还可作为图像处理爱好者的自学用书。

图书在版编目（CIP）数据

Photoshop CS6 图像处理 / 荣琪明，贺海英主编．—北京：中国铁道出版社，2016.9（2019.8重印）
“十三五”高等职业教育计算机类专业规划教材
ISBN 978-7-113-21930-7

Ⅰ．①P… Ⅱ．①荣… ②贺… Ⅲ．①图象处理软件－高等职业教育－教材 Ⅳ．①TP391.413

中国版本图书馆 CIP 数据核字（2016）第 206492 号

书　　名：Photoshop CS6 图像处理
作　　者：荣琪明　贺海英　主编

策　　划：杜　茜　　　　**读者热线**：（010）63550836
责任编辑：何红艳
封面设计：刘　颖
封面制作：白　雪
责任校对：汤淑梅
责任印制：郭向伟

出版发行：中国铁道出版社有限公司（100054，北京市西城区右安门西街 8 号）
网　　址：http://www.tdpress.com/51eds/
印　　刷：北京柏力行彩印有限公司
版　　次：2016 年 9 月第 1 版　　2019 年 8 月第 5 次印刷
开　　本：787 mm×1 092 mm　1/16　**印张**：15.5　**字数**：371 千
书　　号：ISBN 978-7-113-21930-7
定　　价：58.00 元（附赠光盘）

FOREWORD 前言

Photoshop 是 Adobe 公司开发的图像处理软件，它具有强大的图像处理功能，广泛应用于网页制作、包装装潢、商业展示、服饰设计、广告宣传、建筑及环境艺术设计、多媒体制作、视频合成、辅助三维动画制作和出版印刷等领域。Photoshop 已经成为众多图像处理软件中的佼佼者，是计算机美术设计中不可缺少的图像设计软件。计算机美术具有极大的发展前景，社会需求较大，所以计算机美术设计以其独特的魅力成为目前最热门的专业之一。

本书共分 15 章，第 1 章介绍了 Photoshop 图像处理基本常识、应用领域、软件工作界面，以及启动与退出软件等；第 2 章介绍了图像文件基本操作、调整图像显示模式、调整与裁剪图像画布、使用辅助工具绘图等；第 3 章介绍了创建与编辑选区对象；第 4 章介绍了美化与修饰图像画面；第 5 章介绍了校正图像色彩与色调的方法；第 6 章介绍了应用绘图工具美化图像的方法；第 7 章介绍了创建与管理图层对象的方法；第 8 章介绍了制作精美文字特效的方法；第 9 章介绍了创建与编辑路径对象的方法；第 10 章介绍了创建通道与蒙版对象的方法；第 11 章介绍了应用滤镜特效的方法；第 12 章介绍了应用 3D 与自动化功能的方法；第 13 章介绍了优化与制作网页动画的方法；第 14 章介绍了输入与输出图像文件的方法；第 15 章介绍了图像处理的综合案例制作方法。

本书以一节（相当于 1 ~ 4 课时）为一个教学单元，对知识点进行了细致的取舍和编排，按节细化知识点，并结合知识点介绍了相关的案例，使知识和案例相结合。

本书内容由浅入深、循序渐进，知识含量高，使读者在阅读学习时，不但知其然，还要知其所以然，不但能够快速入门，而且可以达到较高的水平。在本书编写中，编者努力遵从教学规律，注意知识结构与实用技巧相结合，注意学生的认知特点，注意提高学生的学习兴趣和创造能力的培养，注意将重要的制作技巧融于实例中。

建议教师在使用本教材进行教学时，可以一边带学生做各章的案例，一边学习各种操作方法、操作技巧和相关知识点，将它们有机地结合在一起，可以达到事半功倍的效果。采用这种方法学习的学生，掌握知识的速度快、学习效果好，可以提高灵活应用能力和创造能力。

本书由荣琪明、贺海英任主编，王丽艳任副主编。

由于编者水平有限，加上时间仓促，书中难免有疏漏和不足之处，恳请广大读者批评指正。

编 者

2016 年 8 月

CONTENTS 目录

第6章 应用绘图工具美化图像········71

第7章 创建与管理图层对象············85

第8章 制作精美文字特效·············100

Photoshop CS6 软件入门

本章引言

Photoshop CS6 是一款专业图像处理软件，其功能强大、操作环境简洁，深受广大用户的青睐，被广泛应用于图像处理、广告设计、图形制作等领域。

本章将讲解 Photoshop CS6 软件入门相关知识，其中包括图像处理基本常识、图像软件应用领域、Photoshop CS6 工作界面，以及安装、启动与退出 Photoshop CS6。

本章主要内容

1.1 图像处理基本常识

Photoshop CS6是专业的图像处理软件，在学习之前，了解并掌握该软件进行图像处理的基本常识，才能在工作中更好地处理各类图像，创作出高品质的设计作品。

1.1.1 位图与矢量图

图形图像的展现形式主要分为以下两类：

- 位图。
- 矢量图。

这两类图像在绘制和处理图像时各自的属性不相同，在存储时两种类型的文件格式，以及存储的格式也是不相同的。

1. 位图

位图是由细小点组成的，这些点称为像素（pixel）。图像就是由许许多多不同颜色的小点组合在一起，形成一幅幅色彩缤纷的图画。若将图像放大到一定程度，图像就会失真，边缘会出现锯齿，如图1-1所示。

图1-1　位图的原图效果与放大后的效果

2. 矢量图

矢量图是用数学的矢量方式来记录图像中的内容，以线条和色块为主，它可以无限放大，不会出现失真的状况，如图1-2所示。

图1-2　矢量图的原图效果与放大后的效果

1.1.2 像素与分辨率

像素与分辨率是 Photoshop 中最常见的专业术语，是决定文件大小和图像输入质量的关键因素。

1. 像素

像素是组成图像的最小单位，其形态是一个小方点，且每一个小方点只显示一种颜色，当许多不同颜色的像素组合在一起时，就形成了一幅色彩丰富的图像，图像的像素越高，文件就越大，图像的品质就越好，如图 1–3 所示。

图1–3 高品质的图像

2. 分辨率

分辨率是指单位长度上像素的数目，其单位通常用 dpi（dots per inch）、“像素 / 英寸”或“像素 / 厘米”表示。

图像分辨率的高低直接影响图像的质量，分辨率越高，文件也就越大，图像也越清晰，但处理图像的速度会稍慢。反之，分辨率越小，文件也就越小，图像越模糊，但处理图像的速度会较快，如图 1–4 所示。

图1–4 分辨率高的图像与分辨率低的图像

1.1.3 常用图像颜色模式

颜色模式决定了图像的显示颜色数量，也影响图像的通道数和图像的文件大小。Photoshop CS6 能以多种色彩模式显示图像，最常用的模式是 RGB、CMYK、灰度和位图 4 种模式。

1．RGB 模式

RGB 模式是 Photoshop CS6 默认的颜色模式，它由光学中的红、绿、蓝三原色构成，且每一种颜色都存在 256 个等级的强度变化。当三种原色重叠在一起时会产生白色。RGB 模式下的图形效果是比较丰富的，如图 1–5 所示。

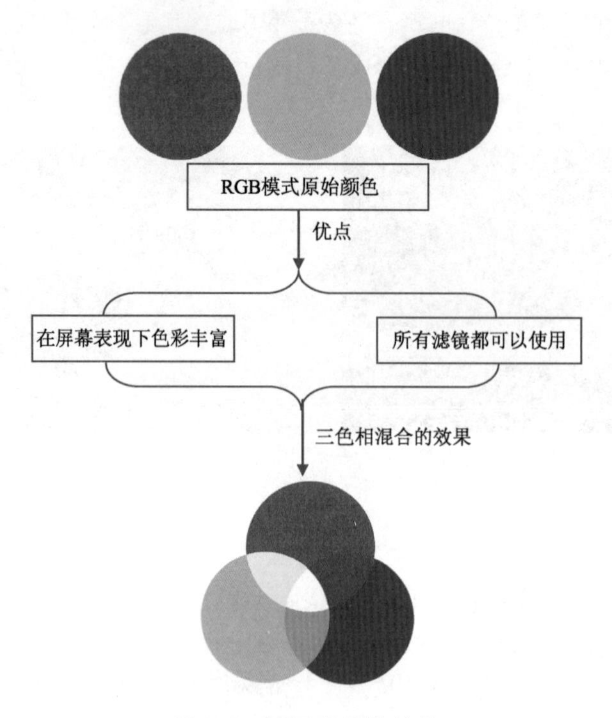

图 1–5　RGB 的图像效果

2．CMYK 模式

CMYK 模式是印刷时的颜色基础，只有这样印刷出来的图像才清晰、不模糊。CMYK 模式是由 C（青色）、M（洋红）、Y（黄色）、K（黑色）合成的颜色模式。其中黑色是用来增加对比度的，如图 1–6 所示。

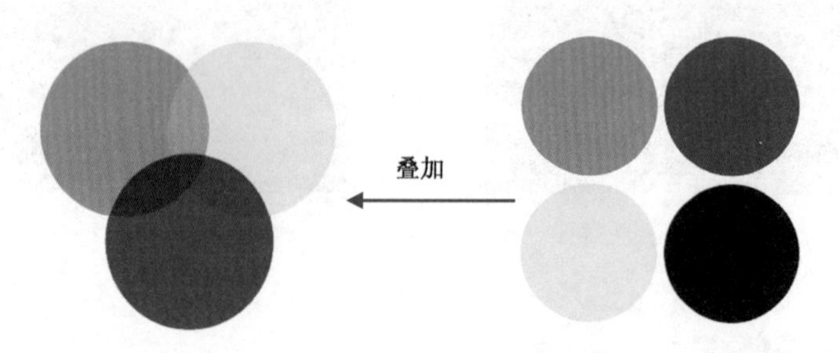

图1–6　CMYK的图像效果

3．灰度模式

在 Photoshop CS6 中，灰度模式可以将彩色图像转变成黑白相片的效果，但变为黑白的图片是无法将色彩颜色恢复过来的，如图 1–7 所示。

图1-7 灰度模式的图像效果

4．位图模式

在 Photoshop CS6 中，位图模式是一种只用黑、白两色来展现图像像素的模式，如图 1-8 所示，黑白之间没有灰度过渡色，该类图像占用的内存空间非常少。当一幅彩色图像要转换成黑白模式时，不能直接转换，必须先将图像转换成灰度模式。

图1-8 位图模式的图像

1.1.4 图像的文件格式

Photoshop CS6 是使用起来非常方便的图像处理软件，支持 20 多种文件格式。本节主要介绍常用的 8 种文件格式。

1．PSD/PSB 文件格式

PSD 格式是 Photoshop CS6 软件的默认格式，也是唯一支持所有图像模式的文件格式。

PSB 格式属于大型文件，其所占内存比较大，支持的宽度和高度最大能达到 30 万像素的文件，且可以保存图像中的图层、通道和路径等所有信息。

2．JPEG 格式

JPEG 格式所占内存较小，主要用于图像预览和制作 HTML 网页，此格式的图像没有原图像的质量好，所以不宜在印刷、出版等高要求的场合下使用。

3．TIFF 格式

TIFF 格式是一种无损压缩格式，运用 Photoshop CS6 打开、保存的 TIFF 文件，可以直接对其中的图层进行相应的修改或编辑。

4．AI 格式

若在 Photoshop CS6 软件中将存有路径的图像文件输出为 AI 格式，则可以在 Illustrator 和 CorelDraw 等矢量图形软件中直接打开并可以进行任意修改和处理。

5．BMP 格式

BMP 格式支持 1 ~ 24 位颜色深度，具有极其丰富的色彩，同时可以使用 1 600 万种色彩进行图像渲染，它所支持的颜色模式有 RGB、索引颜色、灰度和位图等。

6. GIF 格式

GIF 格式也是一种非常通用的图像格式，由于最多只能保存 256 种颜色，且 GIF 格式保存的文件不会占用太多的磁盘空间，GIF 格式还可以保存动画。

7. EPS 格式

EPS 可以说是一种通用的行业标准格式，像素信息与矢量信息可同时被包含，EPS 格式最大的优点是可以在排版软件中以低分辨率预览，却以高分辨率进行图像输出。

8. PNG 格式

PNG 格式常用于网络图像模式，可以保存图像的 24 位真彩色，且支持透明背景和消除锯齿边缘的功能。

1.2 图像软件应用领域

Photoshop 的应用领域非常广泛，无论是在平面广告设计、网页设计、包装设计、CIS 企业形象设计，还是在装潢设计、印刷制版、游戏、动漫形象以及影视制作等领域，Photoshop 都起着举足轻重的作用。

1.2.1 平面设计应用

平面设计是 Photoshop 应用最为广泛的领域，无论是书籍的封面，还是各种海报、宣传栏等，基本上都需要使用 Photoshop 对其中的图像进行合成、处理，效果如图 1–9 所示。

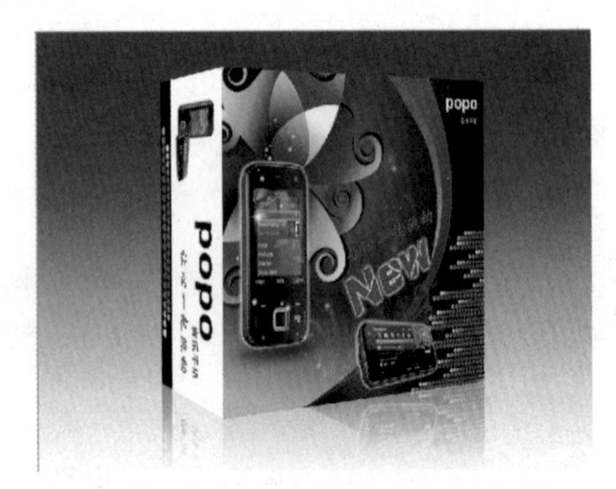

图1–9 平面设计中的应用

1.2.2 插画设计应用

插画是近年来已经走向成熟的行业，随着出版及商业设计领域工作的逐渐细分，Photoshop 在绘画方面的功能也越来越强大。广告插画、卡通漫画插画、影视游戏插画、出版物插画等都属于商业插画。图 1–10 所示为使用 Photoshop 设计的插画作品。

图1-10 插画设计中的应用

1.2.3 网页设计应用

网页设计是一个比较成熟的行业，网络中每天诞生上百万个网页，这些网页都是使用与图形处理技术密切相关的网页设计与制作软件完成的。Photoshop CS6 的图像设计功能非常强大，使用其中的绘图工具、文字工具、调色命令和图层样式等能够制作出精美、大气的网页。图 1-11 所示为使用 Photoshop 设计的网页作品。

图1-11 网页设计中的应用

1.2.4 后期处理应用

Photoshop 具有强大的照片修饰功能，尤其在 Photoshop CS6 版本中，对数码相片的处理功能又有进一步的增强，不仅可以轻松修复旧损照片、清除照片中人物脸上的斑点等瑕疵，还可以使用特有的功能模拟光学滤镜镜头拍摄的照片效果，并借助强大的图层与通道功能，合成模拟照片。

1.2.5 后期制作应用

Photoshop CS6 强大的颜色处理和图像合成功能，可以将原本不相干的对象天衣无缝的拼合在一起，使图像发生巨大的变化。需要注意的是，通常这类创意图像的最低要求就是看起来足够逼真，需要使用足够扎实的Photoshop功底，才能制作出满意的效果。

1.3 掌握Photoshop CS6工作界面

运用Photoshop对照片进行各种处理，就需要认识并了解该软件的工作界面。Photoshop CS6的工作界面主要由菜单栏、工具箱、工具属性栏、图像编辑窗口、浮动面板、状态栏6个部分组成，如图1-12所示。

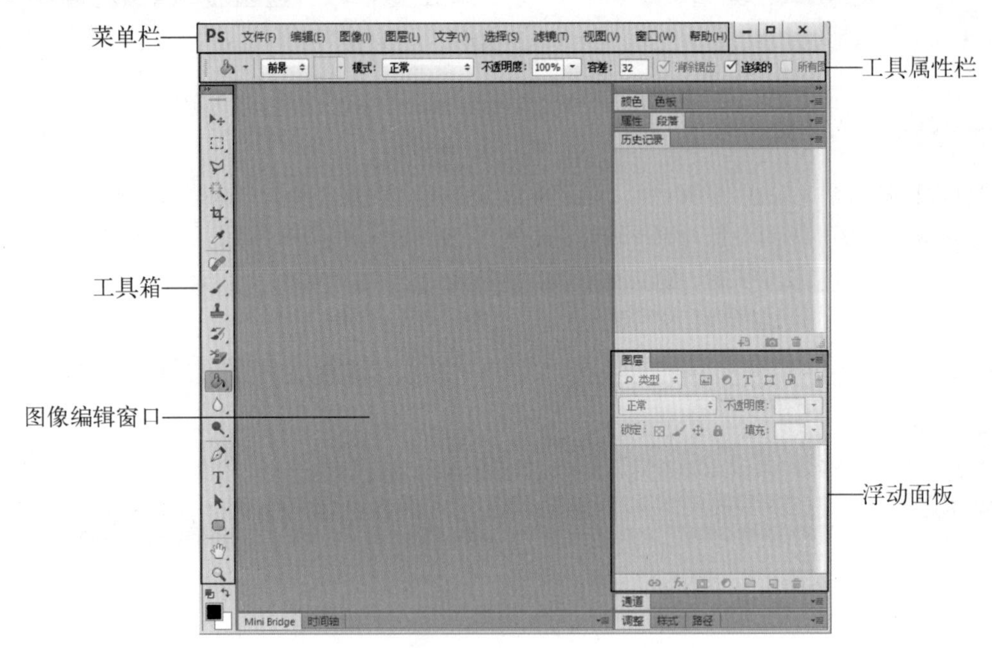

图1-12 Photoshop CS6工作界面

1.3.1 菜单栏

菜单栏位于整个窗口的顶端，由“文件”“编辑”“图像”“图层”“文字”“选择”“滤镜”、3D、“视图”“窗口”和“帮助”等菜单命令组成，如图1-13所示。

图1-13 菜单栏

单击任意一个菜单项都会弹出其包含的命令，Photoshop CS6中的绝大部分功能都可以利用菜单栏中的命令来实现。

菜单栏的右侧还显示了控制文件窗口显示大小的最小化、窗口最大化（还原窗口）、关闭窗口等几个快捷按钮。

菜单栏选项区中各选项的含义如下：

- 文件：执行“文件”菜单命令，在弹出的下级菜单中可以执行新建、打开、存储、关闭、置入以及打印等一系列针对文件的命令。

- 编辑：“编辑”菜单是对图像进行编辑的命令，包括还原、剪切、复制、粘贴、填充、变换以及定义图案等命令。
- 图像：“图像”菜单命令主要是针对图像模式、颜色、大小等进行调整以及设置。
- 图层：“图层”菜单中的命令主要是针对图层进行相应的操作，这些命令便于对图层进行运用和管理，如新建、复制图层、图层蒙版等。
- 文字：“文字”菜单中的命令主要是针对文字图层进行相应的操作，这些命令可以对文字图层进行编辑和管理，包括创建工作路径、转换为形状、栅格化文字图层等。
- 选择：“选择”菜单中的命令主要是针对选区进行操作，可以对选区进行反向、修改、变换、扩大、载入选区等操作，这些命令结合选区工具，更便于对选区操作。
- 滤镜：“滤镜”菜单中的命令可以为图像设置各种不同的特效，在制作特效方面更是功不可没。
- 3D：3D 菜单针对 3D 图像执行操作，通过这些命令可以打开 3D 文件、将 2D 图像创建为 3D 图形、进行 3D 渲染等操作。
- 视图：“视图”菜单中的命令可对整个视图进行调整及设置，包括缩放视图、改变屏幕模式、显示标尺、设置参考线等。
- 窗口：“窗口”菜单主要用于控制 Photoshop CS6 工作界面中的工具箱和各个面板的显示和隐藏。
- 帮助：“帮助”菜单中提供了使用 Photoshop CS6 的各种信息。在使用 Photoshop CS6 的过程中，若遇到问题，可以查看该菜单，及时了解各种命令、工具和功能的使用。
- 最小化：“最小化”按钮可以将 Photoshop 工作界面最小化显示。
- 最大化：“最大化”按钮可以将 Photoshop 工作界面最大化显示。
- 关闭：“关闭”按钮是用来退出 Photoshop 软件操作的。

1.3.2 工具箱

工具箱位于工作界面的左侧，如图 1-14 所示。要使用工具箱中的工具，只要单击工具按钮即可在图像编辑窗口中使用。若在工具按钮的右下角有一个小三角形，表示该工具按钮还有其他工具，在工具按钮上单击的同时，可弹出所隐藏的工具选项，如图 1-15 所示。

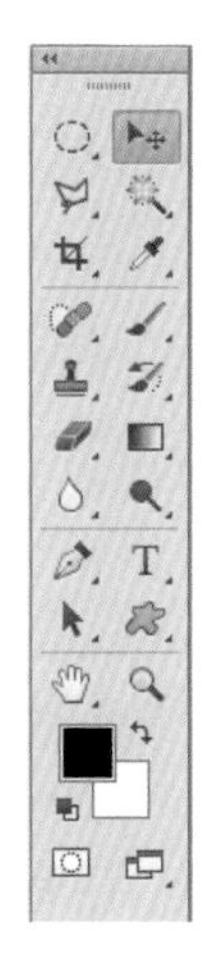

图1-14　工具箱

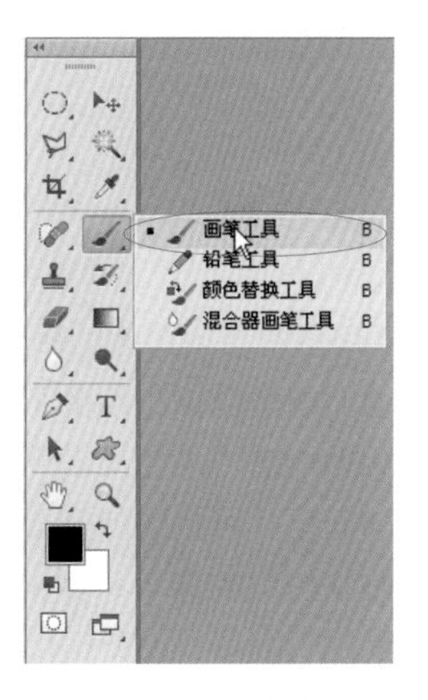

图1-15　显示隐藏工具

1.3.3 工具属性栏

工具属性栏一般位于菜单的下方，主要用于对所选取工具的属性进行设置，它提供了控制工具属性的相关选项，其显示的内容会根据所选工具的不同而改变。在工具箱中选取相应的工具后，工具属性栏将显示该工具可使用的功能，如图 1-16 所示。

图1-16 画笔工具的工具属性栏

1.3.4 图像编辑窗口

Photoshop CS6 中的所有功能都可以在图像编辑窗口中实现。打开文件后，图像标题栏呈灰白色时，即为当前图像编辑窗口，如图 1-17 所示，此时所有操作将只针对该图像编辑窗口；若想对其他图像编辑窗口进行编辑，单击需要编辑的图像窗口即可。

图1-17 当前图像编辑窗口

1.3.5 浮动面板

浮动控制面板主要用于对当前图像的颜色、图层、样式及相关的操作进行设置。

默认情况下，浮动面板是以面板组的形式出现的，它们位于工作界面的右侧，用户可以进行分离、移动和组合等操作。

若要选择某个浮动面板，可单击浮动面板窗口中相应的标签；若要隐藏某个浮动面板，可单击“窗口”菜单中带✔标记的命令，或单击浮动面板窗口右上角的“关闭”按钮×；若要打开被隐藏的面板，可单击“窗口”菜单中不带✔标记的命令，如图 1-18 所示。

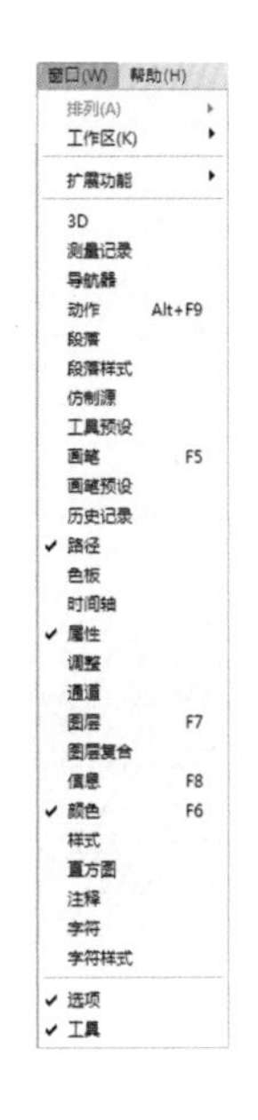

图1-18 显示浮动面板

1.3.6 状态栏

状态栏位于图像编辑窗口的底部，主要用于显示两部分的信息：

- 当前所编辑图像的显示参数值。
- 当前文档图像的相关信息。

在状态栏左侧的数值框中输入合适的数值，按【Enter】键，即可设置图像窗口的显示比例；状态栏的右侧显示的是图像文件信息，单击文件信息右侧的小三角形按钮，即可弹出快捷菜单，其中显示了当前图像文件信息的各种显示方式选项。

1.4 安装、启动与退出 Photoshop CS6

1.4.1 安装 Photoshop CS6

在使用Photoshop CS6之前，需要将软件安装好。Photoshop CS6的安装操作和其他平面软件一样，非常简单，打开安装文件所在的磁盘，运行安装程序后，按照安装向导的提示进行逐步操作，就可以完成Photoshop CS6的安装了。

打开计算机中安装文件所在的磁盘，双击其中的安装文件Setup.exe，如图1-19所示，执行操作后，弹出安装程序信息提示框，如图1-20所示。

初始化程序完成后，进入“欢迎使用”界面，选择“试用”选项，安装此产品的试用版。如果用户有序列号，选择“安装”选项，如图1-21所示，阅读Adobe软件许可协议，单击“接受”按钮，如图1-22所示。

图1-19 双击Setup.exe安装文件

图1-20 信息提示框

图1-21 选择“安装”选项

图1-22 单击“接受”按钮

单击“下一步”按钮，进入“选项”界面，如图1-23所示，选中Adobe Photoshop CS6复选框，单击“语言”右侧的下拉按钮，在弹出的列表框中选择“简体中文”选项，单击“位置”右侧的“文件夹”按钮，选择软件的具体安装位置，单击“安装”按钮，进入“安装”进度界面，并显示安装的进度，如图1-24所示。

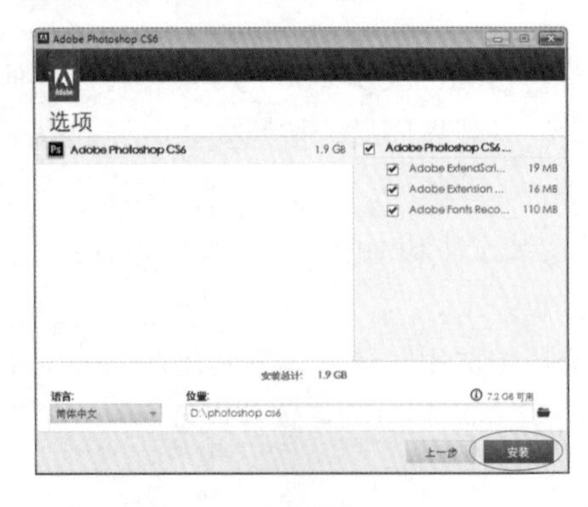

图1-23 “选项”界面

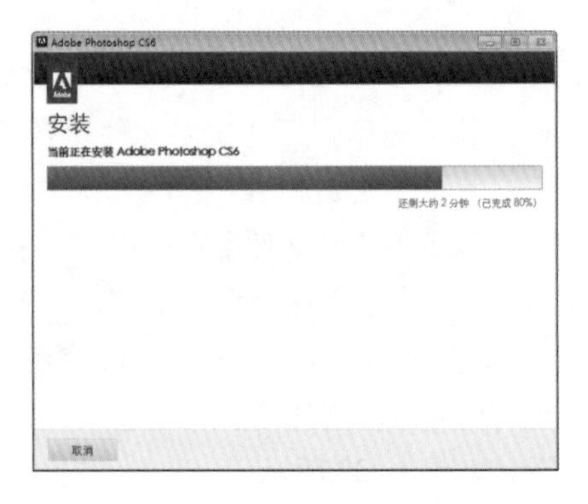

图1-24 显示安装进度

安装完成后，进入“安装完成”界面，提示用户软件已安装完成，如图1–25所示，单击“关闭”按钮即可。

图1–25　提示用户已经安装完成

1.4.2　启动 Photoshop CS6

当需要使用Photoshop对图像进行处理操作时，首先需要启动Photoshop软件，然后才能进行相关操作。

在计算机桌面上双击Photoshop CS6应用程序图标，如图1–26所示，启动Photoshop CS6程序，系统开始加载Photoshop CS6应用程序，加载完毕后，即可进入Photoshop CS6工作界面，如图1–27所示。

图1–26　双击程序图标

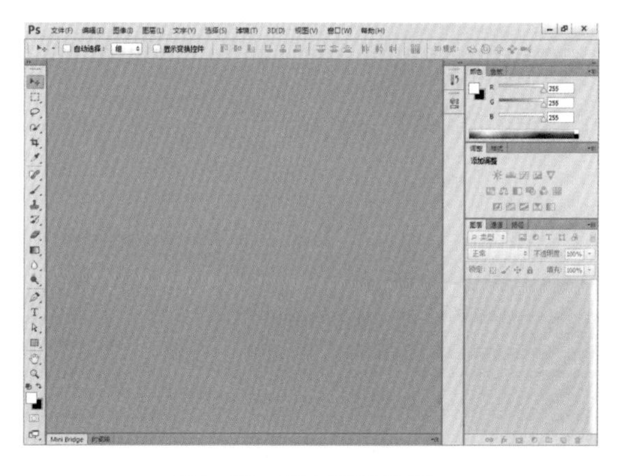

图1–27　进入工作界面

1.4.3　退出 Photoshop CS6

完成对图像文件的编辑后，若不再需要使用Photoshop CS6软件，则可以退出该程序，以保证计算机的运行速度。

在Photoshop CS6工作界面中，对图像进行编辑后，单击窗口右上角的“关闭”按钮，如图1–28所示，弹出信息提示框，单击“是”按钮，如图1–29所示，即可保存文件，退出Photoshop CS6程序；在信息提示框中，若单击“否”按钮，将不保存文件并退出程序；单击“取消”按钮，将不退出程序。

图1-28 单击“关闭”按钮

图1-29 单击“是”按钮

本章小结

本章主要任务是熟悉并掌握图像处理基本常识、图像软件应用领域、Photoshop CS6 工作界面的基本组成、Photoshop CS6 软件的安装、启动与退出等内容。

课后习题

鉴于本章知识的重要性，为帮助用户更好地掌握所学知识，通过课后习题对本章内容进行简单的知识回顾和补充。

	素材文件	无
	效果文件	无
	学习目标	掌握启动 Photoshop CS6 的操作方法

本习题有助于进一步掌握启动 Photoshop CS6 的操作方法，启动方法如图 1-30 所示，启动后的界面如图 1-31 所示。

图1-30 启动Photoshop CS6

图1-31 界面图

第2章 图像处理的基本操作

本章引言

Photoshop CS6 作为一款图像处理软件，绘图和图像处理是它的看家本领。在使用 Photoshop CS6 开始创作之前，需要先了解此软件的一些基本操作。

本章将讲解 Photoshop CS6 中处理图像的基本操作、调整图像的显示、调整与裁剪图像画布和辅助工具绘图等知识。

本章主要内容

2.1 图像文件基本操作

文件的新建、打开、保存、置入和关闭是处理图像文件最基本的操作。

2.1.1 新建图像文件

若要在一个空白的文件上绘制或编辑图像，就需要先新建一个文件。启动Photoshop CS6程序，单击“文件”|“新建”命令，如图2–1所示，弹出“新建”对话框，根据需要设置新建文档的名称、宽度、高度、分辨率、颜色模式及背景内容，如图2–2所示。

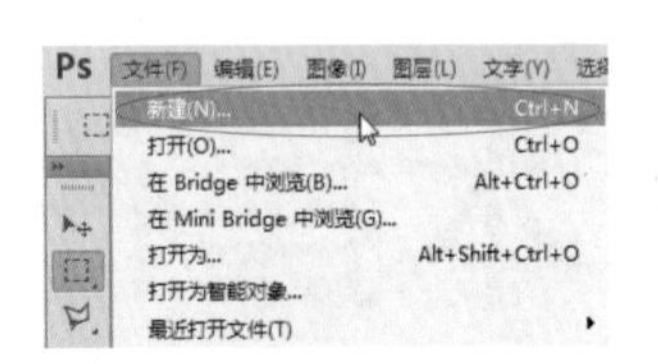

图2–1 单击“新建”命令

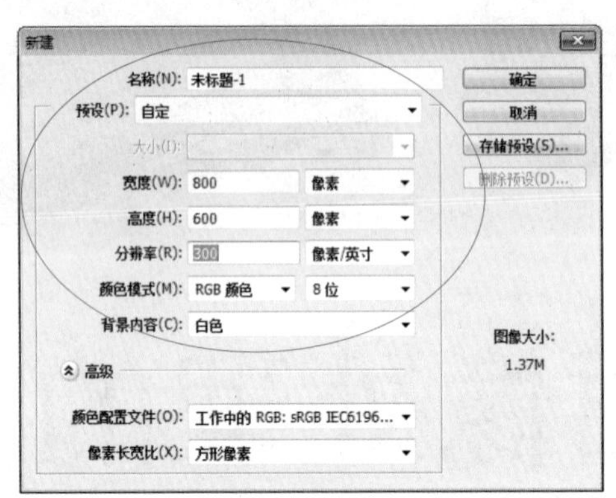

图2–2 设置新建参数

单击“确定”按钮，即可新建一个空白的图像文件，如图2–3所示。

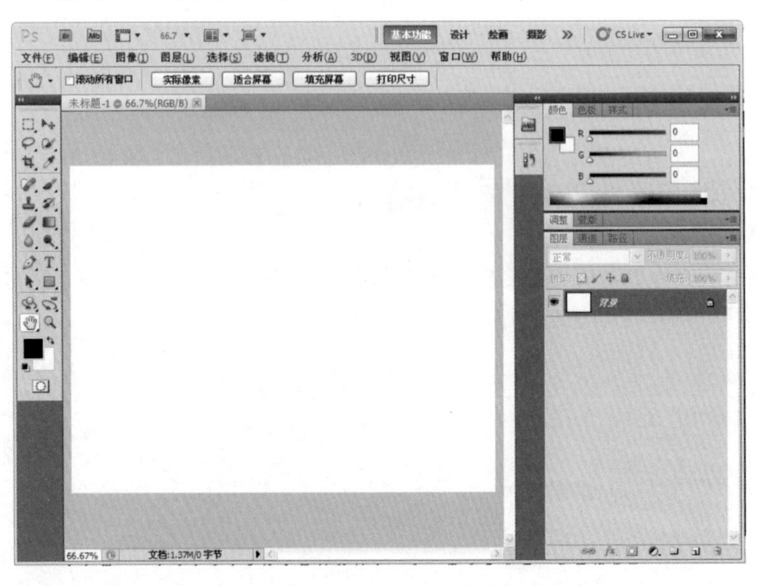

图2–3 新建空白的图像文件

提示

除了使用命令创建图像以外，也可以按【Ctrl + N】组合键创建图像文件。

2.1.2　打开图像文件

在 Photoshop　CS6 中经常需要打开一个或多个图像文件进行编辑和修改，它可以打开多种文件格式，也可以同时打开多个文件。

单击“文件”|“打开”命令，弹出“打开”对话框，选择需要打开的图像文件，如图 2–4 所示，单击“打开”按钮，即可打开选择的图像文件，效果如图 2–5 所示。

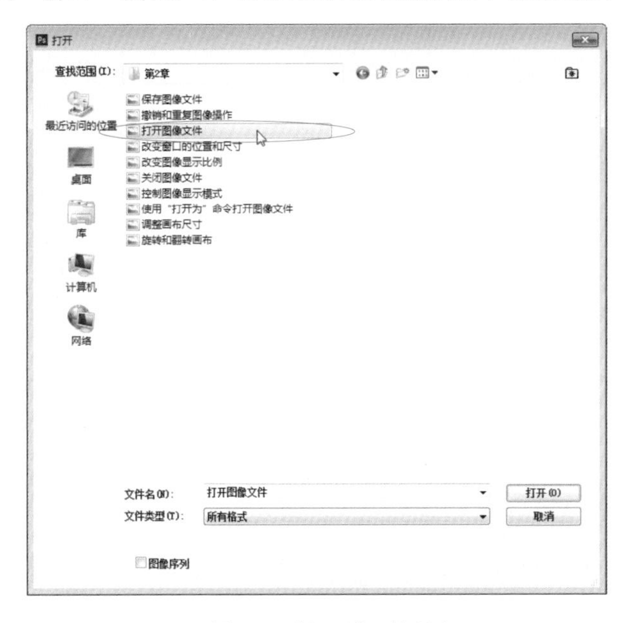

图2–4　“打开”对话框

图2–5　图像文件

2.1.3　保存图像文件

用户可以保存当前编辑的图像文件，以便于在日后的工作中对该文件进行修改、编辑或输出操作。

若所编辑的图像文件是一幅新图像，且从未进行过保存操作，则可以使用“存储为”命令对该图像文件进行保存。完成当前文档的编辑操作后，单击“文件”|“存储为”命令，如图 2–6 所示，弹出“存储为”对话框，设置文件的存储路径、文件名和保存格式，如图 2–7 所示。

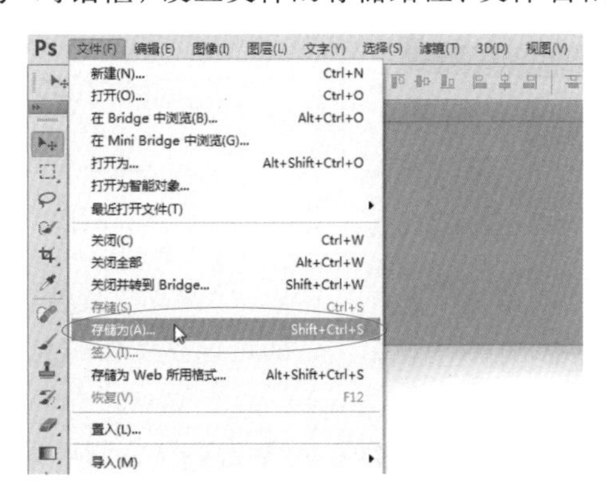

图2–6　单击“存储为”命令

单击“保存”按钮，弹出“Photoshop 格式选项”对话框，如图 2–8 所示，单击“确定”按钮，即可保存所编辑的图像文件。

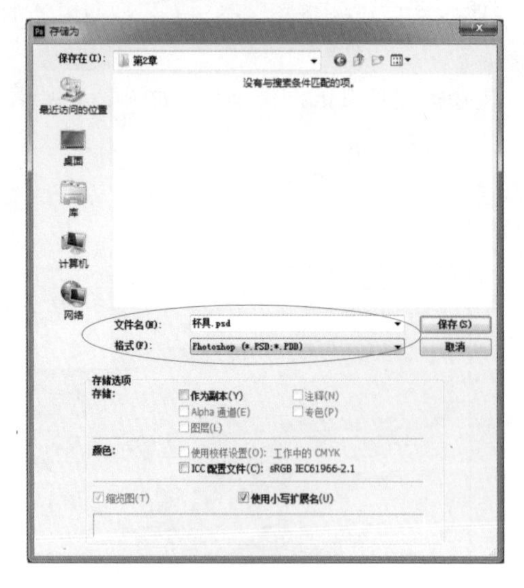

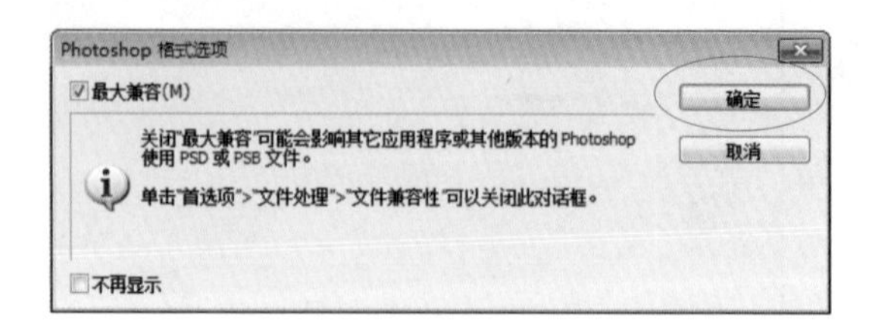

图2–7　设置存储参数　　图2–8　“Photoshop格式选项”对话框

2.1.4　置入图像文件

置入图像文件是指将所选择的文件置于当前编辑的图像窗口中，Photoshop CS6 所支持的格式都能通过“置入”命令将指定的文件置于当前编辑的文件中。确认需要调整的图像编辑窗口，如图 2–9 所示，单击“文件”|“置入”命令，弹出“置入”对话框，选择需要置入的图像文件，如图 2–10 所示。

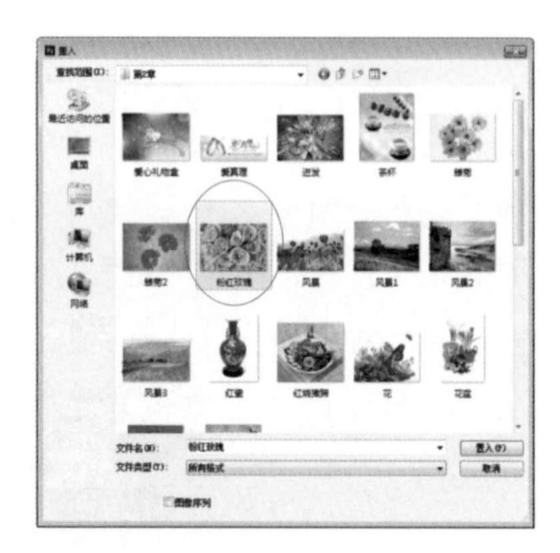

图2–9　图像编辑窗口　　图2–10　“置入”对话框

单击“置入”按钮，当前图像编辑窗口中出现一个浮动的变换控制框，如图 2–11 所示，将鼠标指针移至控制框左上角的控制点上，单击，即可调整图像的大小，再根据需要调整图像的位置，如图 2–12 所示。

调整好图像后，在控制框内双击或按【Enter】键确认，即可完成图像的置入操作，效果如图 2–13 所示。

图2-11　出现变换控制框

图2-12　调整控制框的大小

图2-13　置入后的图像效果

2.1.5　关闭图像文件

在Photoshop CS6中用户对图像进行保存后，可以随时关闭当前所打开的图像文件。单击“文件”|“关闭”命令，如图2-14所示，执行操作后，即可关闭当前工作图像文件，如图2-15所示。

图2-14　单击“关闭”命令

图2-15　关闭文件

提示

除了运用上述方法关闭图像文件外，还有以下4种常用的方法:

- 按【Ctrl + W】组合键。
- 按【Ctrl + F4】组合键。
- 按【Alt + Ctrl + W】组合键。
- 单击图像文件标题栏上的“关闭”按钮。

2.2　调整图像显示模式

在Photoshop CS6中，用户可以同时打开多个图像窗口，其中当前图像窗口将会出现在最前面，用户可以根据工作的需要移动窗口位置、调整窗口尺寸、改变窗口排列或在各窗口之间切换，让工作变得更加方便。

2.2.1 改变窗口位置和尺寸

在处理图像的过程中，如果需要把一个图像放置在一个方便操作的位置，就需要调整图像窗口的位置，对其进行移动和缩放。

将鼠标指针移动到图像窗口的“雪莲 .jpg”标题栏上，如图 2–16 所示，拖动至合适位置后释放鼠标，即可改变图像窗口位置，如图 2–17 所示。

图2–16　移动鼠标指针

图2–17　改变图像窗口位置

将鼠标指针移至图像窗口边界的右下角，其呈↖↘状，如图 2–18 所示，拖动，即可对图像窗口进行调整，效果如图 2–19 所示。

图2–18　鼠标指针呈↖↘形状

图2–19　调整图像窗口

提示

在调整图像窗口大小时，将鼠标指针移至不同的位置，其形状也有所不同，当鼠标指针呈↙↗、↔、↕形状时，拖动，即可调整图像窗口的大小。

2.2.2 放大与缩小显示

在 Photoshop CS6 中编辑和设计作品的过程中，可以根据工作需要对图像进行放大或缩小操作，以便更好地观察和处理图像，使工作更加方便。

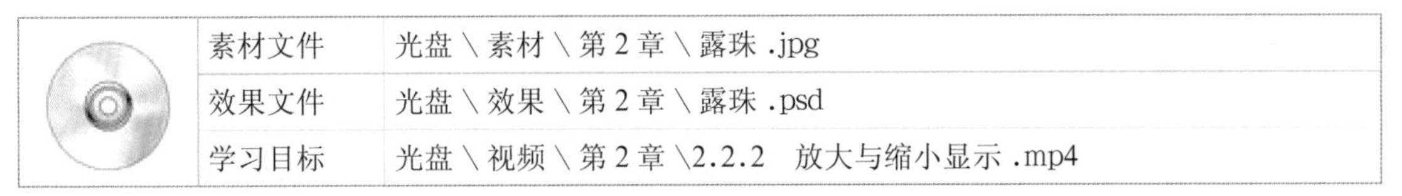

	素材文件	光盘 \ 素材 \ 第 2 章 \ 露珠 .jpg
	效果文件	光盘 \ 效果 \ 第 2 章 \ 露珠 .psd
	学习目标	光盘 \ 视频 \ 第 2 章 \2.2.2　放大与缩小显示 .mp4

步骤 01 单击“文件”|“打开”命令，打开随书附带光盘的“素材 \ 第 2 章 \ 露珠 .jpg”素材图像，如图 2–20 所示。

步骤 02 在菜单栏上单击“视图”|“放大”命令，如图 2–21 所示。

图2–20　素材图像

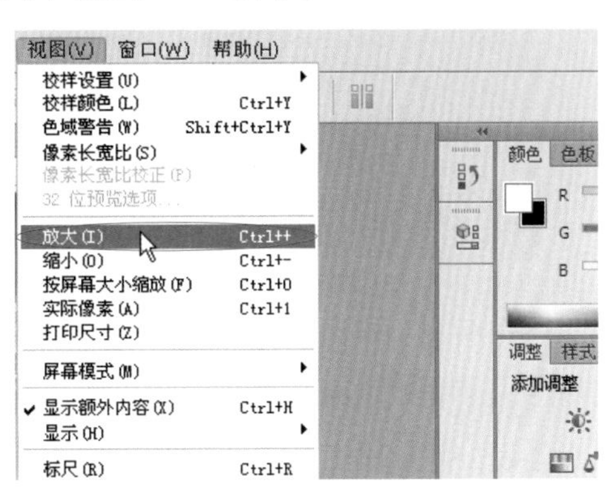

图2–21　单击“放大”命令

步骤 03 执行操作后，即可放大图像的显示，如图 2–22 所示。

步骤 04 在菜单栏上单击“视图”|“缩小”命令两次，即可使图像的显示比例缩小两倍，如图 2–23 所示。

图2–22　放大图像

图2–23　缩小图像

提示

除了上述放大和缩小图像的方法外，还有以下两种方法：

- 按【Ctrl + + 】组合键，可放大图像。
- 按【Ctrl + − 】组合键，可缩小图像。

2.2.3 控制图像显示模式

在处理图像时，可以根据需要转换图像的显示模式。Photoshop CS6 为用户提供了 3 种不同的屏幕显示模式，即标准屏幕模式、带有菜单栏的全屏模式与全屏模式。

Photoshop CS6 默认的显示模式是标准屏幕模式，如图 2–24 所示。单击“视图”|“屏幕模式”|“带有菜单栏的全屏模式”命令，如图 2–25 所示。

图2–24 标准屏幕模式

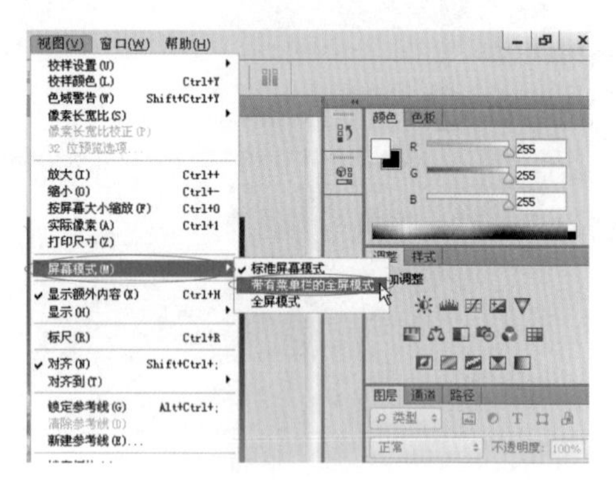

图2–25 单击相应命令

执行上述操作后，图像编辑窗口的标题栏和状态栏即可被隐藏起来，屏幕切换至带有菜单栏的全屏模式，如图 2–26 所示。单击“视图”|“屏幕模式”|“全屏模式”命令，执行操作后，弹出“信息”对话框，如图 2–27 所示。

图2–26 带有菜单栏的全屏模式

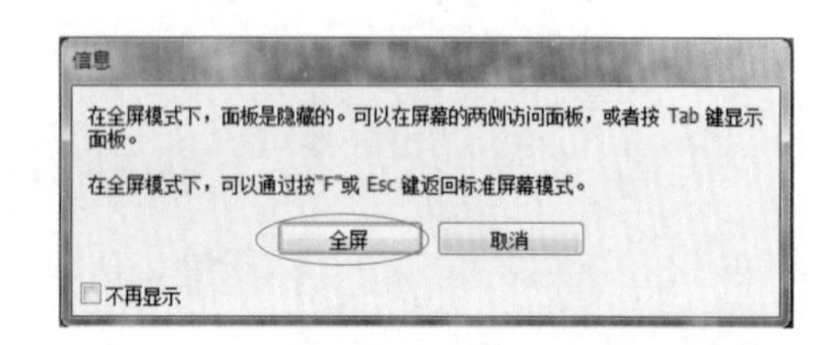

图2–27 “信息”对话框

2.2.4 按区域放大显示

在 Photoshop CS6 中，可以通过区域放大显示图像，更准确地放大所需要操作的图像显示区域。

在工具箱中选取缩放工具，将鼠标指针定位在需要放大的图像位置，拖动，创建一个虚线矩形框，如图 2–28 所示。释放鼠标，即可放大显示所需要的区域，如图 2–29 所示。

图2–28　创建一个虚线矩形框

图2–29　放大显示所需要的区域

2.2.5　按适合屏幕显示

在编辑图像时，可根据工作需要放大图像进行更精确的操作，编辑完成后，单击缩放工具属性栏中的“适合屏幕”按钮，即可将图像以最合适的比例完全显示出来。

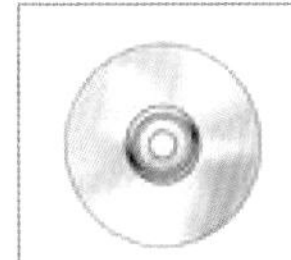	素材文件	光盘 \ 素材 \ 第 2 章 \ 美丽黄昏 .jpg
	效果文件	光盘 \ 效果 \ 第 2 章 \ 美丽黄昏 .psd
	学习目标	光盘 \ 视频 \ 第 2 章 \2.2.5　按适合屏幕显示 .mp4

步骤 01　单击“文件”|“打开”命令，打开随书附带光盘的“素材 \ 第 2 章 \ 美丽黄昏 .jpg”素材图像，如图 2–30 所示。

步骤 02　选取抓手工具，在工具属性栏中，单击“适合屏幕”按钮，执行操作后，图像即可以适合屏幕的方式显示图像，如图 2–31 所示。

图2–30　素材图像

图2–31　以适合屏幕的方式显示图像

提示

除了上述方法可以将图像以最合适的比例完全显示外，还有以下两种方法：

- 双击：在工具箱中的抓手工具上双击。
- 快捷键：按【Ctrl + 0】组合键。

2.2.6 移动图像显示区域

在 Photoshop CS6 中，当所打开的图像因缩放超出当前显示窗口的范围时，图像编辑窗口的右侧和下方将分别显示垂直和水平的滚动条。此时，可以拖动滚动条或使用抓手工具移动图像窗口的显示区域，以便更好地查看图像。

选取工具箱中的缩放工具，放大“紫色玫瑰 .jpg”图像显示，如图 2–32 所示。选取工具箱中的抓手工具，将鼠标指针移至图像上，当鼠标指针呈抓手形状时，拖动，即可移动图像编辑窗口的显示区域，如图 2–33 所示。

图2–32 放大图像显示

图2–33 移动图像窗口的显示区域

2.3 调整与裁剪图像画布

在 Photoshop CS6 中，可以根据需求对图像进行调整与裁剪操作。

2.3.1 旋转画布

打开一幅图像文件时，有时会出现图像颠倒或倾斜的现象，此时需要将图像的角度进行适当地调整。

	素材文件	光盘 \ 素材 \ 第 2 章 \ 彩色风车 .jpg
	效果文件	光盘 \ 效果 \ 第 2 章 \ 彩色风车 .psd
	学习目标	光盘 \ 视频 \ 第 2 章 \2.3.1 旋转画布 .mp4

步骤 01 单击“文件”|“打开”命令，打开随书附带光盘的“素材 \ 第 2 章 \ 彩色风车 .jpg”素材图像，如图 2–34 所示。

步骤 02 单击“图像”|“图像旋转”|“任意角度”命令，弹出“旋转画布”对话框，设置“角度”为 30，选中“度（逆时针）”单选按钮，如图 2–35 所示。

图2–34 素材图像

步骤 03 单击“确定”按钮，即可逆时针旋转图像30度，效果如图2–36所示。

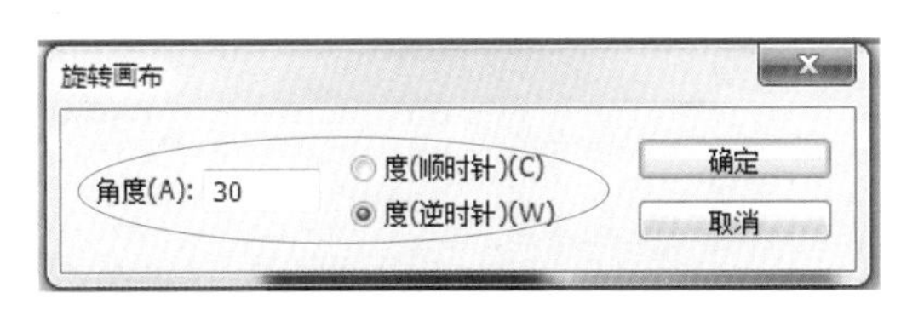

图2–35 设置角度

图2–36 逆时针旋转图像效果

2.3.2 裁剪图像

当图像扫描到计算机中时，经常会遇到图像中多出自己不想要的部分，此时就需要对图像进行裁剪操作。

选取工具箱中的裁剪工具，将鼠标指针移动到图像窗口处，当鼠标指针呈⊄形状时，在图像编辑窗口中单击，显示一个矩形控制框，拖动控制柄至合适位置后释放鼠标，如图2–37所示，按【Enter】键确认，即可裁剪图像，效果如图2–38所示。

图2–37 裁剪图片

图2–38 裁剪后的图像效果

2.3.3 裁切图像

在Photoshop CS6中，除了运用裁剪工具裁剪图像外，还可以运用“裁切”命令裁剪图像。

	素材文件	光盘 \ 素材 \ 第 2 章 \ 瓶子 .jpg
	效果文件	光盘 \ 效果 \ 第 2 章 \ 瓶子 .jpg
	视频文件	光盘 \ 视频 \ 第 2 章 \2.3.3 裁切图像 .mp4

步骤 01 单击“文件”|“打开”命令，打开随书附带光盘的“素材 \ 第2章 \ 瓶子 .jpg”素材图像，如图2–39所示。

步骤 02 单击“图像”|“裁切”命令，如图2–40所示。

图2–39　素材图像

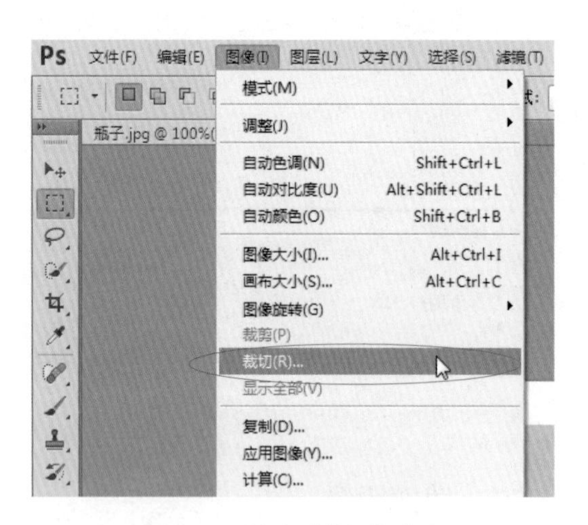

图2–40　单击“裁切”命令

步骤 03 弹出“裁切”对话框，在“基于”选项区中选中“左上角像素颜色”单选按钮，在“裁切”选项区中分别选中“顶”“底”“左”和“右”复选框，如图 2–41 所示。

步骤 04 按【Enter】键确认，即可裁切图像，效果如图 2–42 所示。

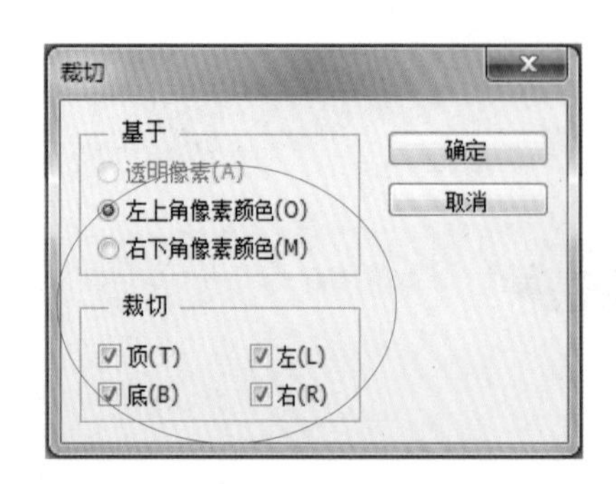

图2–41　“裁切”对话框

图2–42　裁切成功的图像

2.4　使用辅助工具绘图

在设计作品的过程中，巧用各种辅助工具可以大大提高工作效率。Photoshop CS6 的辅助工具主要包括网格、标尺等。

2.4.1　应用网格

网格是由多条水平和垂直的线条组成的，在绘制图像或对齐窗口中的任意对象时，都可以使用网格进行辅助操作，图像中显示的网格在输出图像时是不会被打印出来的。

处理需要添加网格的图像时，如图 2–43 所示，单击“视图”|“显示”|“网格”命令，图像窗口中即可显示网格线，如图 2–44 所示。

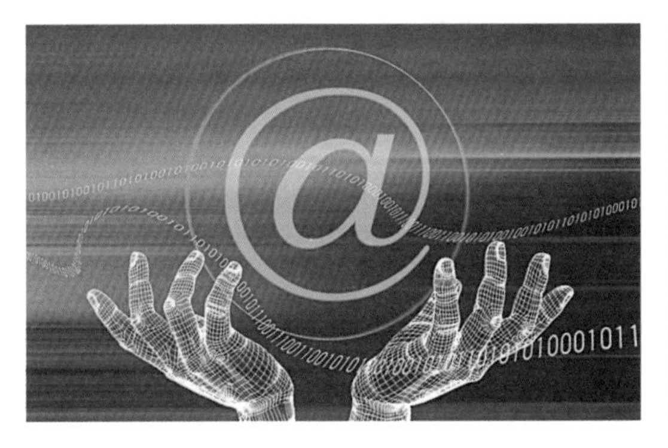

图2–43 素材图像

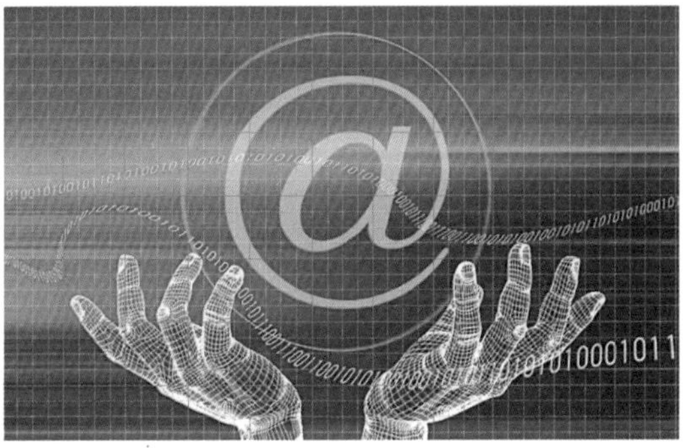

图2–44 显示网格线

提示

按【Ctrl+’】组合键也可以显示网格；若再次按【Ctrl+’】组合键，则可以隐藏网格。

2.4.2 应用标尺

应用标尺可以确定图像窗口中图像的大小和位置。显示标尺后，不论放大或缩小图像，标尺上的测量数据始终以图像尺寸为准。

	素材文件	光盘 \ 素材 \ 第 2 章 \ 爱真理 .jpg
	效果文件	光盘 \ 效果 \ 第 2 章 \ 爱真理 .psd
	视频文件	光盘 \ 视频 \ 第 2 章 \2.4.2 应用标尺 .mp4

步骤 01 单击“文件”|“打开”命令，打开随书附带光盘的“素材 \ 第 2 章 \ 爱真理 .jpg”素材图像，如图 2–45 所示。

步骤 02 单击“视图”|“标尺”命令，图像窗口的顶部和左侧即可显示标尺，如图 2–46 所示。

步骤 03 将鼠标指针移至两个标尺的交汇处，即标尺原点，拖动图像，如图 2–47 所示。

图2–45 素材图像

图2–46 显示标尺

步骤 04 即可改变标尺原点的位置，如图 2–48 所示。

图2-47　拖动图像

图2-48　改变标尺原点

2.5　综合案例——制作房产广告

以房产广告为例，进一步学习如何制造图像的背景效果、图像的透视效果、图像的裁剪效果。

2.5.1　制作房产背景效果

用户在处理图像文件时，可以根据需要对图像素材进行水平翻转。

	素材文件	光盘 \ 素材 \ 第 2 章 \ 房产广告 .psd
	效果文件	无
	视频文件	光盘 \ 视频 \ 第 2 章 \2.5.1　制作房产背景效果

步骤 01 单击“文件”|“打开”命令，打开随书附带光盘的“素材 \ 第 2 章 \ 房产广告 .psd”素材图像，如图 2-49 所示。

步骤 02 单击“编辑”|“变换”|“水平翻转”命令，即可水平翻转图像，如图 2-50 所示。

图2-49　素材图像

图2-50　水平翻转图像

2.5.2　制作图像自由变换效果

自由变换是绘图中重要的要素之一，用户可以利用“自由变换”命令对图像的形状进行自由调整。

	素材文件	上一例效果
	效果文件	无
	视频文件	光盘 \ 视频 \ 第 2 章 \2.5.2　制作图像自由变换效果

步骤 01 单击“编辑”|“自由变换”命令，调出变换控制框，如图 2-51 所示。

步骤 02 将鼠标指针移至变换控制框的控制柄上，拖动，调整至适合位置，如图 2-52 所示。

步骤 03 执行上述操作后，按【Enter】键确认，即可完成自由变换图像的操作，如图 2-53 所示。

图2-51　调出变换控制框

图2-52　调整至适合位置

图2-53　完成扭曲图像

2.5.3　制作图像裁剪效果

在 Photoshop 中，裁剪工具是应用非常灵活的截取图像的工具，灵活运用裁剪工具可以突出主体图像效果。

	素材文件	上一例效果
	效果文件	效果 \ 第 2 章 \ 房产广告 .psd
	视频文件	光盘 \ 视频 \ 第 2 章 \2.5.3　制作图像裁剪效果

步骤 01 选取工具箱中的裁剪工具，调出变换控制框，如图 2-54 所示。

步骤 02 将鼠标指针移至裁剪控制框中，拖动图像至适合位置，如图 2-55 所示。

步骤 03 执行上述操作后，按【Enter】键确认，即可裁剪图像，如图 2-56 所示。

图2-54　调出变换控制框

图2-55　移动图像至适合位置

图2-56　裁剪图像

本章小结

本章主要对图像处理的常用操作进行讲解。通过了解图像文件的基本操作、调整图像显示模式、调整与裁剪图像画布、使用辅助工具绘图，详细分析了各种操作的运用技巧。

课后习题

鉴于本章知识的重要性，为帮助用户更好地掌握所学知识，通过课后习题对本章内容进行简单的知识回顾。

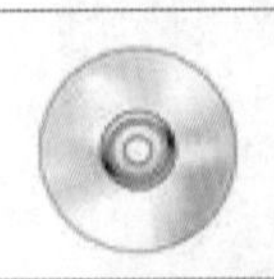	素材文件	光盘 \ 素材 \ 第 2 章 \ 课后习题 \ 跑车 .jpg
	效果文件	光盘 \ 效果 \ 第 2 章 \ 课后习题 \ 跑车 .psd
	学习目标	掌握运用旋转和翻转画布的操作方法

本习题需要旋转和翻转素材，素材如图 2-57 所示，最终效果如图 2-58 所示。

图2-57　素材图像

图2-58　效果图

第3章

创建与编辑选区对象

本章引言

在 Photoshop CS6 中选区是通过各种工具或相应的命令在图像上创建的选取范围。应用选区可以将选区内的图像与选区外的图像进行隔离，使之处于选取状态，还可以对图像进行移动、复制、合成等操作。

本章将讲解创建不同选区对象、编辑各种选区样式等操作方法。

本章主要内容

3.1 创建不同选区的对象

在 Photoshop CS6 中有很多工具可以用于创建选区，如矩形选框工具、椭圆选框工具、套索工具、魔棒工具等。若需要对图像局部进行编辑，可以根据不同的图像，灵活运用各种工具创建不同选区的对象，从而制作出意想不到的图像效果。

3.1.1 创建规则选区

规则选区包括矩形、圆形等规则形态的图像，运用选框工具可以框选出选择的区域范围，这是 Photoshop CS6 创建选区最基本的方法，如图 3-1 所示。

图3-1 创建规则选区

3.1.2 创建不规则选区

当图片的背景颜色比较单一，且与选择对象的颜色存在较大的反差时，就可以运用快速选择工具、魔棒工具、多边形套索工具等创建选区。使用过程中，在拐角及边缘不明显处手动添加一些节点，即可快速将图像选中，如图 3-2 所示。

图3-2 使用魔棒工具创建选区

3.1.3 选取颜色相近的选区

在 Photoshop CS6 中，魔棒工具主要用来创建图像颜色相近或相同的像素选区。若用户想要选取图片上颜色相近的选区，则可选取工具箱中的魔棒工具，在工具属性栏上设置“容差”为

60，将鼠标指针移至图像编辑窗口中的颜色区域（紫色）上单击，即可创建选区，如图3-3所示，在工具属性栏上单击“添加到选区”按钮，再将鼠标指针移至未创建选区的紫色区域上单击，加选选区，如图3-4所示。

单击“图层”面板底部的“创建新的填充和调整图层”按钮，在弹出的列表框中选择“色相／饱和度”选项，在弹出的“色相／饱和度”属性面板中，设置“色相”为60、“饱和度”为50，选区内的图像效果随之改变，效果如图3-5所示。

图3-3　创建选区

图3-4　加选选区

图3-5　最终效果

3.1.4　创建图像全部选区

在编辑图像的过程中，若素材图像的元素过多或者需要对整幅图像进行调整，则可以通过“全部”命令创建图像全面选区，从而对图像进行颜色上的调整。

	素材文件	光盘\素材\第3章\国画.jpg
	效果文件	光盘\效果\第3章\国画.psd
	视频文件	光盘\视频\第3章\3.1.4　创建图像全部选区.mp4

步骤 01 单击“文件”|“打开”命令，打开随书附带光盘的“素材\第3章\国画.jpg”素材图像，如图3-6所示。

步骤 02 单击“选择”|“全部”命令，即可创建图像的全部选区，如图3-7所示。

图3-6　素材图像

图3-7　创建选区

步骤 03 单击“图层”面板底部的“创建新的填充和调整图层”按钮，在弹出的列表框中选择“色相／饱和度”选项，调出“色相／饱和度”调整面板，设置“色相”为+38、“饱和度”为+31、“明度”为0，如图3-8所示。

步骤 04 执行操作后，选区中的图像效果随之改变，效果如图3-9所示。

图3-8 “色相/饱和度”调整面板

图3-9 图像效果

3.1.5 创建指定选区

在Photoshop CS6中，用户还可以利用“色彩范围”命令根据所选取色彩的相似程度，在图像中提取相似的色彩区域而生成指定选区。

在Photoshop CS6中，可以单击“选择”|“色彩范围”命令，在弹出“色彩范围”对话框中设置“颜色容差”为130，如图3-10所示，将鼠标指针移至图像编辑窗口的鞋带上，多次单击吸取颜色，即可选中鞋带颜色相似的区域。单击“确定”按钮，即可在鞋带区域创建选区，如图3-11所示。

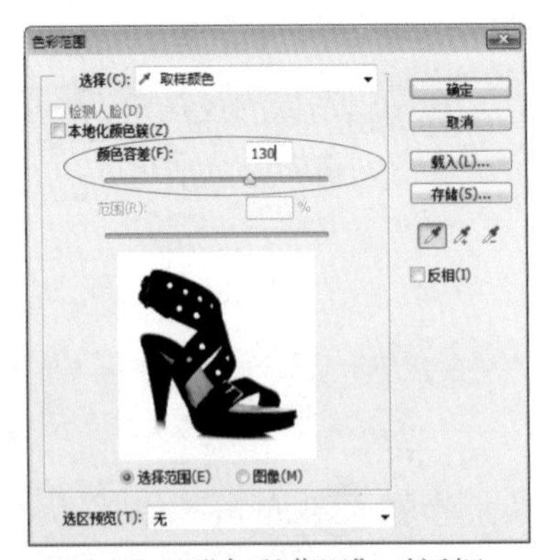

图3-10 “色彩范围”对话框

单击“图层”面板底部的“创建新的填充和调整图层”按钮，在弹出列表框中选择“色彩平衡”选项，调出“色彩平衡”调整面板，依次设置参数值，执行操作的同时，选区中的图像效果随之改变，如图3-12所示。

图3-11 创建选区

图3-12 图像效果

3.1.6 创建随意选区

在 Photoshop CS6 中，若想创建随意选区，则可以在快速蒙版编辑模式下创建。快速蒙版编辑模式是一种便捷、有效的选区创建方法。在快速蒙版编辑模式下，主要是使用画笔工具对图像进行编辑。

在 Photoshop CS6 中，可以在需要创建随意选区的图像上，单击“图层”|“新建”|“通过拷贝的图层”命令，复制“背景”图层，得到“图层 1”图层；单击“背景”图层名称前的“指示图层可见性”图标，将“背景”图层隐藏，如图 3-13 所示，单击工具箱中的“以快速蒙版模式编辑”按钮，将图像切换至快速蒙版模式，选取工具箱中的画笔工具，在工具属性栏上设置画笔工具的相应属性后，将鼠标指针移至图像编辑窗口中，在大向日葵以外的其他区域进行适当涂抹，被涂抹后的区域将以红色进行标记，效果如图 3-14 所示。

图3-13 将“背景”图层隐藏

图3-14 涂抹后的图像效果

单击工具箱中的“以标准模式编辑”按钮，图像即可切换至标准编辑模式，系统自动将蒙版区域转换为选区，如图 3-15 所示，单击“图层”面板底部的“添加图层蒙版”按钮，为“图层 1”添加蒙版，图像编辑窗口中显示了未被涂抹的图像区域，如图 3-16 所示。

图3-15 转换选区

图3-16 显示未被涂抹的图像

提示

双击工具箱中的“以快速蒙版编辑”按钮，可弹出“快速蒙版选项”对话框，该对话框中主要选项的含义如下：

- “被蒙版区域”单选按钮：选中该单选按钮，表示将在涂抹的蒙版区（即非选区）内显示颜色。
- “所选区域”单选按钮：选中该单选按钮，表示将在未涂抹的区域内显示颜色。
- 不透明度：主要用于设置蒙版的不透明度。

3.2 编辑各种选区样式

在创建选区时，可以对选区进行多次修改，如变化选区、羽化选区、剪切图像选区、复制选区图像、扩展选区、收缩选区、调整边缘等。

3.2.1 变换选区

在Photoshop CS6中，运用“变换选区”命令可以直接改变选区的形状，而不会改变选区内的内容。

单击“选择”|“变换选区”命令，即可在选区边缘调出变换控制框，如图3-17所示，根据需要调整变换控制框上的8个控制点，即可对选区进行变换，按【Enter】键确认，完成选区的变换操作，如图3-18所示。

图3-17 调出变换控制框

图3-18 变换后的选区

提示

执行“变换选区”命令变换选区时，对于选区内的图像没有任何影响；执行“变换”命令时，则会将选区内的图像一起变换。

3.2.2 羽化选区

“羽化”命令用于对选区进行羽化，羽化是通过建立选区和选区周围像素之间的转换边界来模糊边缘的，这种模糊方式将丢失选区边缘的一些图像细节。

	素材文件	光盘\素材\第3章\花朵.psd、向日葵.jpg
	效果文件	光盘\效果\第3章\向日葵.psd
	视频文件	光盘\视频\第3章\向日葵.mp4

步骤 01 单击“文件”|“打开”命令，打开随书附带光盘的“素材\第3章\花朵.psd、向日葵.jpg”素材图像，如图3-19所示。

步骤 02 选取工具箱中的套索工具，将鼠标指针移至“花朵”图像编辑窗口中，拖动，创建一个不规则选区，如图3-20所示。

步骤 03 单击“选择”|“修改”|“羽化”命令，如图3-21所示。

步骤 04 弹出“羽化选区”对话框，设置“羽化半径”为20，如图3-22所示，单击“确定”按钮。

步骤 05 执行上述操作后，即可羽化选区，选取工具箱中的移动工具，将鼠标指针移至选区内，拖动至“向日葵”图像编辑窗口中，如图3-23所示。

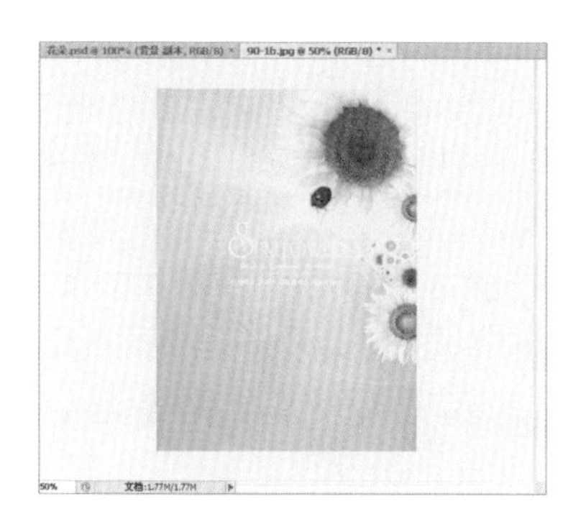

图3-19　素材图像

图3-20　创建选区

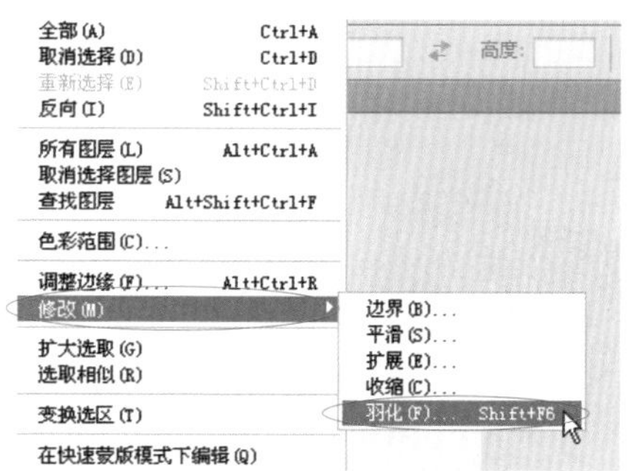

图3-21　单击“羽化”命令

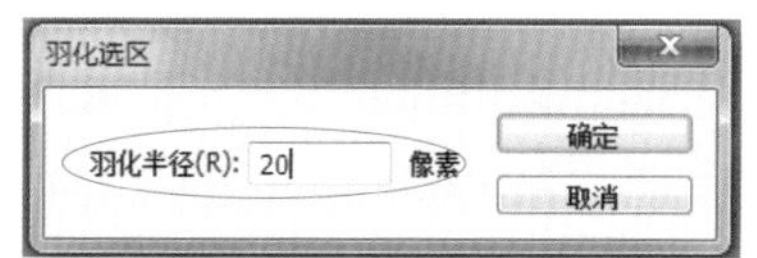

图3-22　设置羽化半径

图3-23　拖动至适合位置

3.2.3　剪切图像选区

在Photoshop　CS6中，灵活运用“剪切”命令可以裁剪所需要的图像。在Photoshop　CS6中用户可以在需要进行剪切选区的图像上，选取工具箱中的矩形选框工具，将鼠标指针移至图像编辑窗口中，拖动创建一个矩形选区，如图3-24所示，单击“编辑”|“剪切”命令，即可剪切选区内的图像，如图3-25所示。

按【Ctrl + V】组合键，粘贴图像，并将粘贴的图像调整至适合的位置，如图3-26所示。

图3-24　创建矩形选区

图3-25　剪切选区内的图像

图3-26　调整至适合的位置

3.2.4 复制图像选区

在制作图像的过程中，会常常出现相同或相近的图像，可以运用“复制”和“粘贴”命令来对图像进行调整，既可以提高工作效率又能节省制作时间。

	素材文件	光盘 \ 素材 \ 第 3 章 \ 心形 .jpg
	效果文件	光盘 \ 效果 \ 第 3 章 \ 心形 .psd
	视频文件	光盘 \ 视频 \ 第 3 章 \3.2.4　复制选区图像 .mp4

步骤 01 单击“文件”|“打开”命令，打开随书附带光盘的“素材 \ 第 3 章 \ 心形 .jpg”素材图像，如图 3-27 所示。

步骤 02 选取工具箱中的矩形选框工具，将鼠标指针移至图像编辑窗口中，拖动，创建一个选区，如图 3-28 所示。

图3-27　素材图像

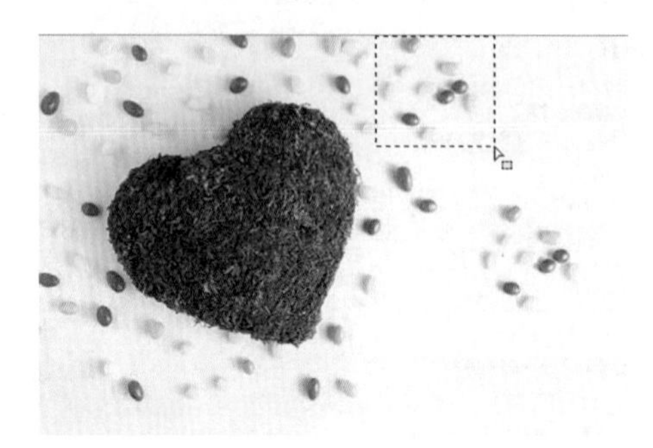

图3-28　创建选区

步骤 03 单击“编辑”|“复制”命令，复制选区内的图像，然后单击“编辑”|“粘贴”命令，粘贴选区内的图像，此时在“图层”面板中会自动创建一个新的图层，如图 3-29 所示。

步骤 04 选取工具箱中的移动工具，将鼠标指针移至复制的图像上，拖动至合适的位置，即可完成选区图像的复制，如图 3-30 所示。

图3-29　创建新图层

图3-30　调整图像至合适位置

3.2.5 扩展选区

在 Photoshop CS6 中，使用“扩展”命令可以扩大当前选区，设置“扩展量”值越大，选区被扩展得就越大，在此允许输入的数值范围为 1 ~ 100。

选取工具箱中的磁性套索工具，将鼠标指针移至图像编辑窗口中，沿右侧嘴唇边缘拖动，创建一个选区，单击“选择”|“修改”|“扩展”命令，弹出“扩展选区”对话框，设置“扩展量”为 10 像素，如图 3–31 所示，单击“确定”按钮，即可扩展选区，如图 3–32 所示。

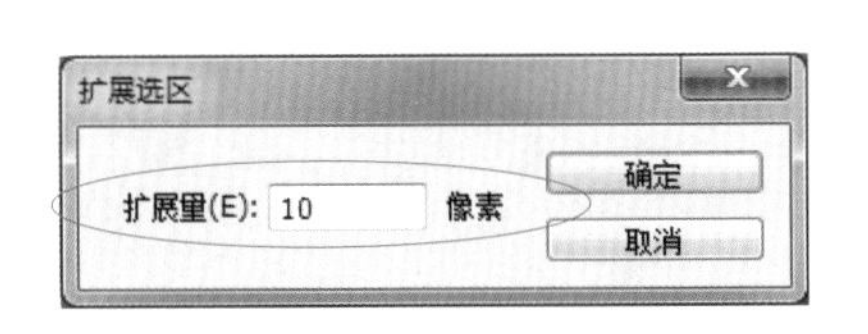

图3–31　“扩展选区”对话框

图3–32　扩展选区

提示

除了运用上述方法可以弹出“扩展选区”对话框之外，还可按【Alt + S + M + E】组合键弹出“扩展选区”对话框。

3.2.6　收缩选区

在 Photoshop CS6 中除了可以扩展选区之外，还可以利用“收缩”命令缩小当前选区的选择范围，在“收缩量”文本框中输入收缩选区的数值越大，选区的收缩量越大，在此允许输入的数值范围为 1 ～ 100。

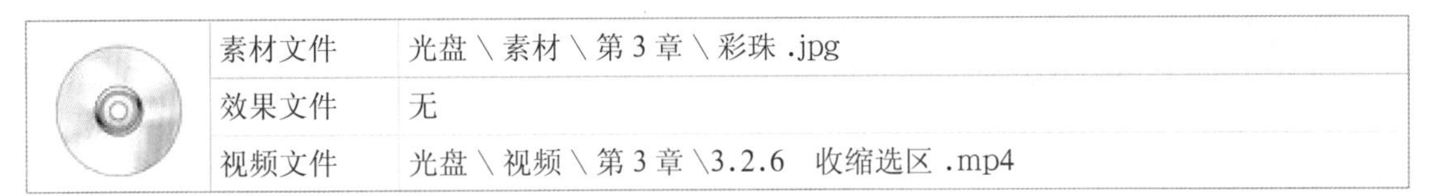

	素材文件	光盘 \ 素材 \ 第 3 章 \ 彩珠 .jpg
	效果文件	无
	视频文件	光盘 \ 视频 \ 第 3 章 \3.2.6　收缩选区 .mp4

步骤 01 单击“文件”|“打开”命令，打开随书附带光盘的“素材 \ 第 3 章 \ 彩珠 .jpg”素材图像，如图 3–33 所示。

步骤 02 选取工具箱中的椭圆选框工具，将鼠标指针移至图像编辑窗口中，拖动，创建一个选区，如图 3–34 所示。

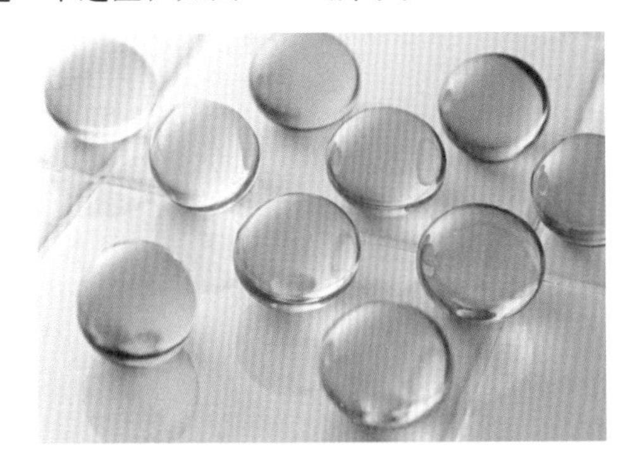

图3–33　素材图像

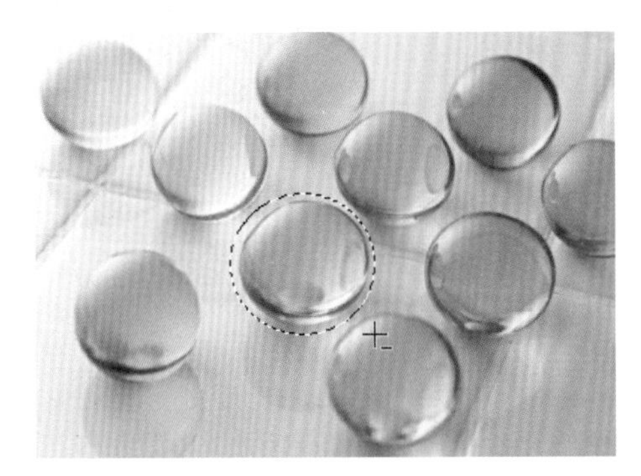

图3–34　创建选区

步骤 03 单击“选择”|“修改”|“收缩”命令，弹出“收缩选区”对话框，设置“收缩量”为 20 像素，如图 3-35 所示。

步骤 04 单击“确定”按钮，即可收缩选区，如图 3-36 所示。

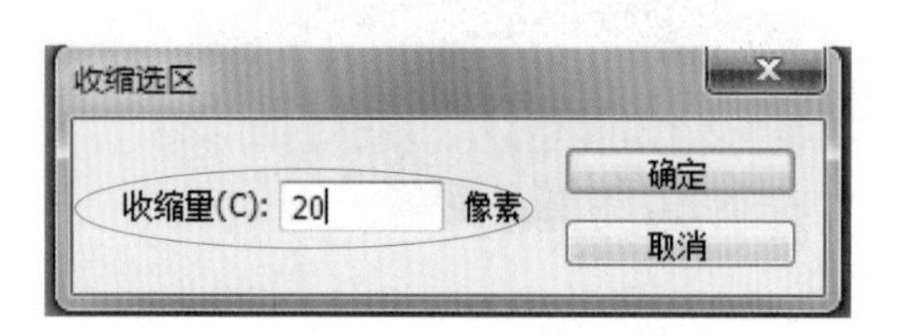

图3-35 “收缩选区”对话框

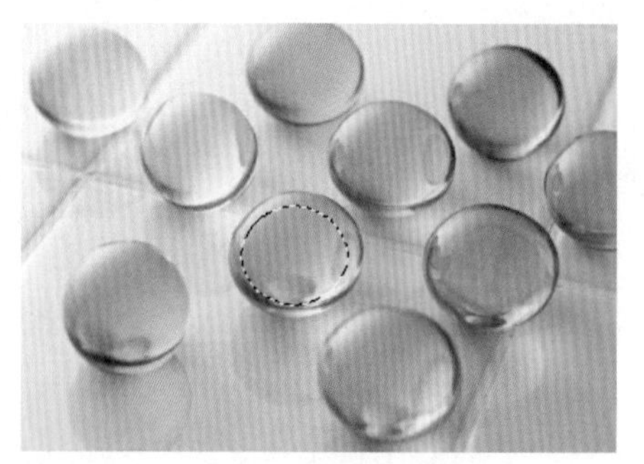

图3-36 收缩选区

3.2.7 调整边缘

在 Photoshop CS6 中，“调整边缘”命令在功能上有了很大的扩展，尤其是提供的边缘检测功能，可以大大提升操作的效率。

	素材文件	光盘 \ 素材 \ 第 3 章 \ 蓝冰 .jpg
	效果文件	光盘 \ 效果 \ 第 3 章 \ 蓝冰 .psd
	视频文件	光盘 \ 视频 \ 第 3 章 \3.2.7 调整边缘 .mp4

步骤 01 单击“文件”|“打开”命令，打开随书附带光盘的“素材 \ 第 3 章 \ 蓝冰 .jpg”素材图像，如图 3-37 所示。

步骤 02 选取工具箱中的椭圆选框工具，将鼠标指针移至图像编辑窗口中，拖动，创建一个椭圆选区，如图 3-38 所示。

图3-37 素材图像

图3-38 创建一个椭圆选区

步骤 03 单击“选择”|“调整边缘”命令，弹出“调整边缘”对话框，设置相应选项，如图 3-39 所示。

步骤 04 执行上述操作后，单击“确定”按钮，即可调整选区边缘，效果如图 3-40 所示。

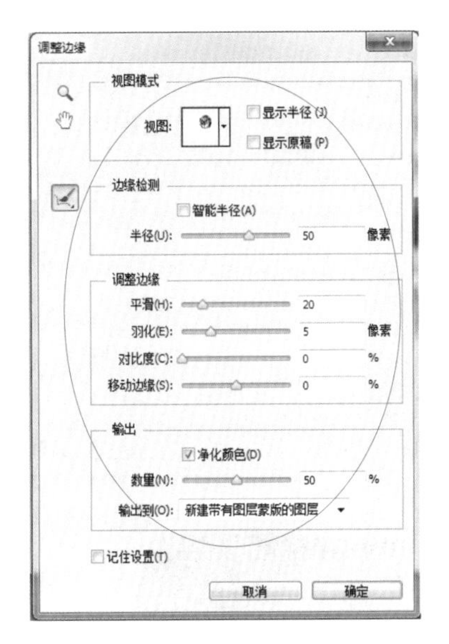

图3-39　“调整边缘”对话框

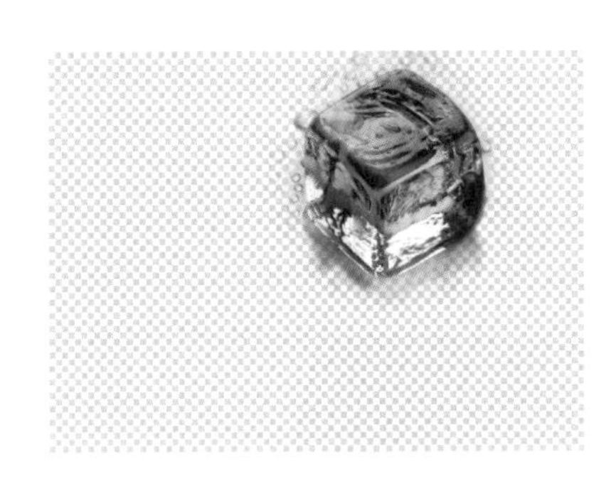

图3-40　最终效果

3.3　综合案例——制作屏幕合成效果

3.3.1　创建屏幕矩形选区

在 Photoshop CS6 中，用户可以运用工具箱中的矩形选框工具，创建矩形选区。

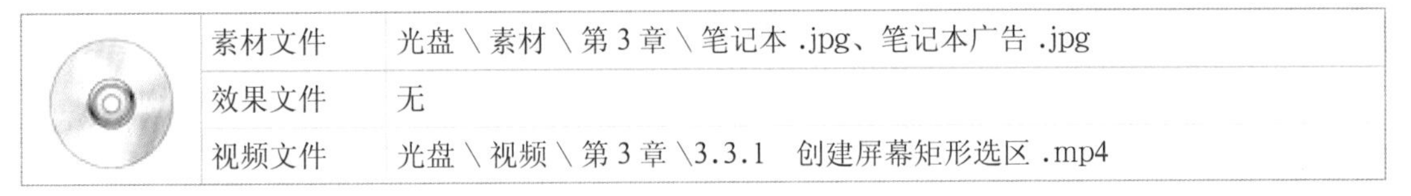

	素材文件	光盘 \ 素材 \ 第 3 章 \ 笔记本 .jpg、笔记本广告 .jpg
	效果文件	无
	视频文件	光盘 \ 视频 \ 第 3 章 \3.3.1　创建屏幕矩形选区 .mp4

步骤 01　单击“文件”|“打开”命令，打开随书附带光盘的“第 3 章 \ 笔记本 .jpg”“笔记本广告 .jpg”素材图像，如图 3-41 所示。

步骤 02　选取工具箱中的矩形选框工具，切换至“笔记本”图像编辑窗口，创建一个矩形选区，如图 3-42 所示。

图3-41　素材图像

图3-42　创建矩形选区

3.3.2 变换选区形状

在 Photoshop CS6 中，用户可以运用“变换选区”命令，进行变换选区操作。

	素材文件	上一例效果
	效果文件	无
	视频文件	光盘 \ 视频 \ 第 3 章 \3.5.2　变化选区形状 .mp4

步骤 01 单击“选择”|“变换选区”命令，调出变换控制框，此时图像编辑窗口中的图像显示如图 3-43 所示。

步骤 02 按住【Ctrl】键的同时拖动各控制柄，即可变换选区，按【Enter】键确认变换操作，如图 3-44 所示。

图3-43　调出变换控制框

图3-44　变换选区

3.3.3 制作笔记本屏幕合成效果

在 Photoshop 中，用户可以用全选图像、复制图像、贴入图像、缩放图像来进行图片的有效合成。

	素材文件	上一例效果
	效果文件	光盘 \ 效果 \ 第 3 章 \ 笔记本屏幕合成广告 .psd
	视频文件	光盘 \ 视频 \ 第 3 章 \3.3.3　制作笔记本屏幕合成效果 .mp4

步骤 01 切换至“笔记本广告”图像编辑窗口，按【Ctrl + A】组合键，全选图像，按【Ctrl + C】组合键，复制图像，切换至“笔记本”图像编辑窗口，按【Shift + Alt + Ctrl + V】组合键，贴入图像，如图 3-45 所示。

步骤 02 按【Ctrl + T】组合键，调出变换控制框，按住【Ctrl】键的同时拖动各控制柄，缩放图像，按【Enter】键确认操作，效果如图 3-46 所示。

提示

当执行“变换选区”命令变换选区时，对于选区内的图像没有任何影响；当执行“变换”命令时，则会将选区内的图像一起变换。

图3-45　贴入图像

图3-46　最终效果

本章小结

本章主要学习图像选区的各种操作，从创建选区到对选区的编辑与应用，让用户有一个循序渐进的过程去了解并掌握各种方法与技巧。

课后习题

鉴于本章知识的重要性，为帮助用户更好地掌握所学知识，通过课后习题对本章内容进行简单的知识回顾。

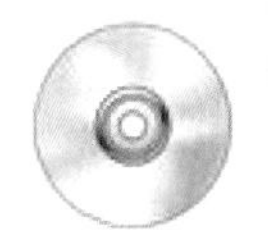	素材文件	光盘 \ 素材 \ 第 3 章 \ 课后习题 \ 黄玫瑰 .jpg
	效果文件	光盘 \ 效果 \ 第 3 章 \ 课后习题 \ 黄玫瑰 .psd
	学习目标	掌握运用调整边缘的操作方法

本习题需要调整素材边缘，素材如图 3-47 所示，最终效果如图 3-48 所示。

图3-47　素材图像

图3-48　效果图

第4章

美化与修饰图像画面

本章引言

Photoshop CS6 是一款专业的图像处理软件，其美化与修饰图像的功能十分强大，对一幅好的设计作品来说，美化和修饰图像是必不可少的步骤。

本章将讲解在 Photoshop CS6 中选取图像颜色范围、对图像画面进行修饰、对图像画面进行填充颜色、对图像画面进行擦除等操作方法。

本章主要内容

- ■ 4.1　选取图像颜色范围
- ■ 4.2　对图像画面进行修饰
- ■ 4.3　对图像画面进行填充调色
- ■ 4.4　对图像画面进行擦除
- ■ 4.5　综合案例——制作春晓青荷效果

4.1　选取图像颜色范围

用户在 Photoshop CS6 中绘制图像时，可以根据整幅图像的设计效果，对每一个图像元素填充不同颜色。

4.1.1　应用前景色和背景色

在编辑图像时，图像的最终效果与前景色和背景色有着非常密切的关系，系统默认前景色为黑色，背景色为白色。前景色主要用于绘画、填充和描边选区；背景色主要用于生成单色、渐变填充，并在图像的涂抹区域中填充。

用户在 Photoshop CS6 中，可以进行前景色和背景色的填充操作，如图 4–1 所示为素材图像，单击“窗口”|“图层”命令，调出“图层”面板，选中“背景”图层，单击工具箱下方的“设置前景色”色块，弹出“拾色器（前景色）”对话框，设置 RGB 的参数值分别为 0、0、0，单击“确定”按钮，按【Alt + Delete】组合键，即可在选区内填充前景颜色，如图 4–2 所示。

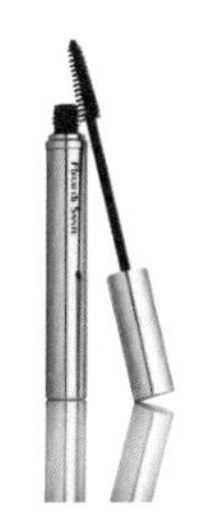

图4–1　素材图像

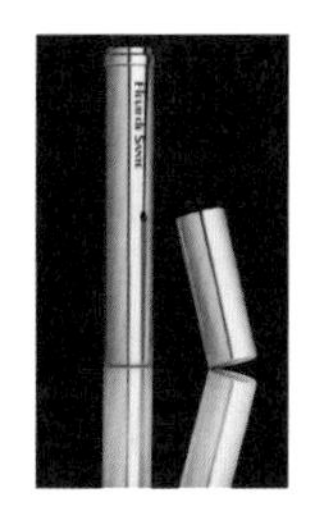

图4–2　填充前景色

选取工具箱中的椭圆选框工具，在图像窗口中创建一个大小合适的椭圆选区，如图 4–3 所示，单击“选择”|“修改”|“羽化”命令，弹出“羽化选区”对话框，设置“羽化半径”为 50，单击“确定”按钮。单击工具箱下方的“设置背景色”色块，弹出“拾色器（背景色）”对话框，设置 RGB 参数值依次为 255、192 和 0，如图 4–4 所示。

单击“确定”按钮，按【Ctrl + Delete】组合键，即可在选区内填充背景颜色，单击“选择”|“取消选择”命令，取消选区，效果如图 4–5 所示。

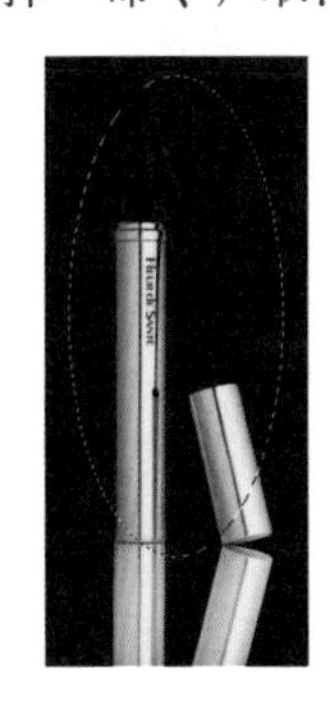

图4–3　创建选区

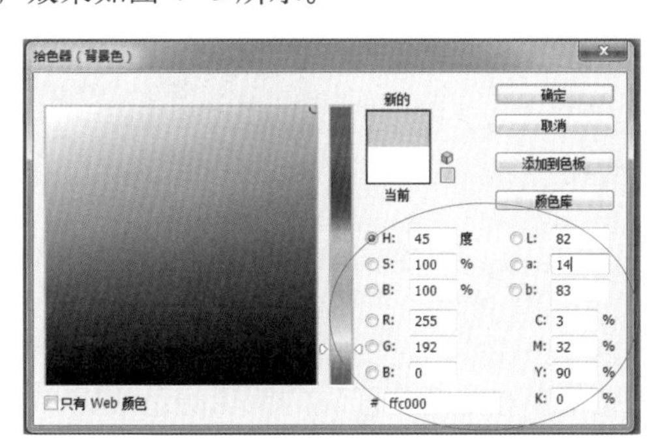

图4–4　设置参数值

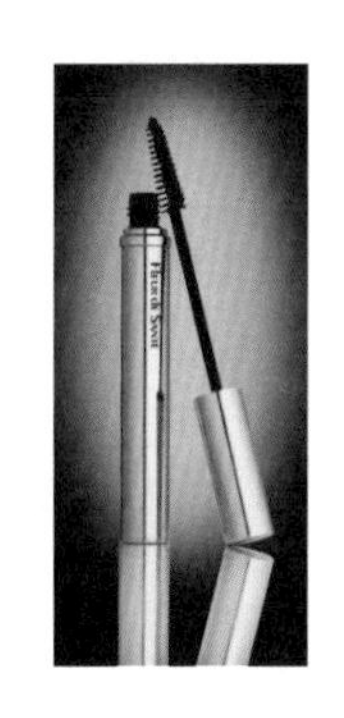

图4–5　填充背景色

4.1.2 应用“颜色”面板

在Photoshop CS6中，使用“颜色”面板，可以通过设置RGB参数值精确选取颜色，用来调整前景色和背景色。

在Photoshop CS6中，使用“颜色”面板选取颜色有3种方式，单击“设置前景色”色块■、拖动三角形滑块以及直接在数值框中输入数值。

	素材文件	光盘\素材\第4章\袋鼠.jpg.
	效果文件	光盘\效果\第4章\袋鼠.psd
	视频文件	光盘\视频\第4章\4.1.2 应用“颜色”面板.mp4

步骤 01 单击“文件”|“打开”命令，打开随书附带光盘的“素材\第4章\袋鼠.jpg”素材图像，如图4-6所示。

步骤 02 选取工具箱中的魔棒工具，将鼠标指针移至图像编辑窗口中，同时按【Shift】键多次单击，创建一个不规则选区，如图4-7所示。

图4-6 素材图像

图4-7 创建选区

步骤 03 单击“窗口”|“颜色”命令，弹出“颜色”面板，设置RGB参数值为白色，如图4-8所示。

步骤 04 执行上述操作后，按【Alt + Delete】组合键，即可在选区内填充颜色，按【Ctrl + D】组合键，取消选区，如图4-9所示。

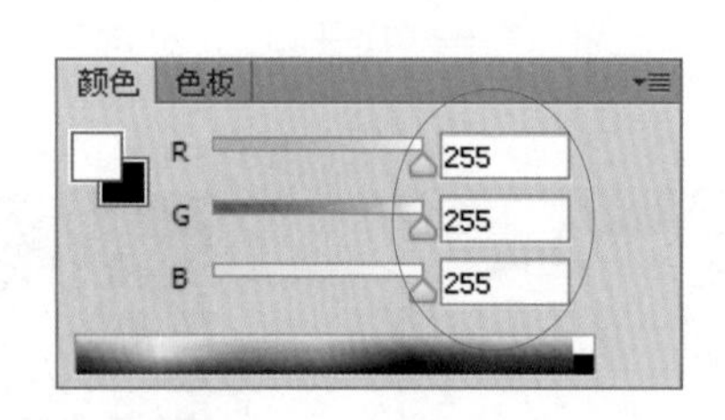

图4-8 设置相应数值

图4-9 取消选区

4.1.3 应用吸管工具

在绘制图像的过程中，经常会有某两片区域的图像颜色相同，此时，用户可以通过吸取颜色的方法，使两个图像区域的颜色完全一致。

用户在Photoshop CS6中，可以利用吸管工具对素材“童年.jpg”进行颜色的吸取操作，即选取工具箱中的魔棒工具，单击工具属性栏中的“添加到选区”按钮，逐个单击白色的五角星区域，创建选区，如图 4-10 所示，选取工具箱中的吸管工具，将鼠标指针移至图像编辑窗口中小朋友红色衣服上，如图 4-11 所示，单击，即可吸取颜色，执行操作后，前景色的颜色随之改变。

按【Alt + Delete】组合键，即可在选区内填充前景色，按【Ctrl + D】组合键，取消选区，效果如图 4-12 所示。

图4-10　创建选区

图4-11　吸取颜色

图4-12　填充前景色

4.2　对图像画面进行修饰

合理地运用各种修饰工具，可以将有污点或瑕疵的图像处理好，使图像的效果更加自然、真实、美观。修饰图像工具包括模糊工具、涂抹工具、仿制图章工具、图案图章工具、图案图章工具、污点修复画笔工具、修补工具和红眼工具。

4.2.1　应用模糊工具

使用模糊工具可以将突出的色彩打散，使得僵硬的图像边界变得柔和、颜色过渡变得平缓，起到一种模糊图像的效果。

如图 4-13 所示为素材图像，选取工具箱中的模糊工具，在模糊工具属性栏中，设置大小 70 像素、硬度 0%、模式正常、强度 100%，将鼠标指针移至素材图像上，单击在图像上进行涂抹，即可模糊图像，效果如图 4-14 所示。

图4-13　素材图像

图4-14　最终效果

4.2.2 应用涂抹工具

涂抹工具可以用来混合颜色。使用涂抹工具时，会从单击处的颜色开始，将它与鼠标指针经过处的颜色混合。

如图 4–15 所示为素材图像，选取工具箱中的涂抹工具，设置画笔为“柔边圆”、“硬度”为 30%，在图像编辑窗口中涂抹，效果如图 4–16 所示。

图4–15　素材图像

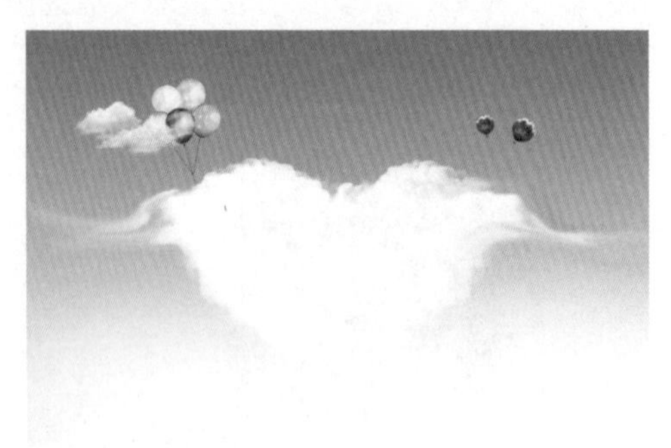

图4–16　涂抹过的效果图

4.2.3 应用仿制图章工具

使用仿制图章工具，可以对图像进行近似克隆的操作。从图像中取样后，在图像窗口中的其他区域拖动，即可涂抹出一模一样的样本图像。

在 Photoshop CS6 中，用户可以运用仿制图章工具对素材“布娃娃 .jpg”进行图像克隆操作，即选取工具箱中的仿制图章工具，将鼠标指针移至图像窗口中的适当位置，按住【Alt】键的同时单击，进行取样，如图 4–17 所示，释放【Alt】键，将鼠标指针移至图像窗口左侧，拖动，即可对样本对象进行复制，效果如图 4–18 所示。

图4–17　进行取样

图4–18　最终效果

4.2.4 应用图案图章工具

图案图章工具可以将定义好的图案应用于其他图像中，并且以连续填充的方式在图像中进行绘制。

素材文件	光盘 \ 素材 \ 第 4 章 \ 白云 .psd、卡通 .jpg
效果文件	光盘 \ 效果 \ 第 4 章 \ 图案图章工具 .psd
视频文件	光盘 \ 视频 \ 第 4 章 \4.2.4　图案图章工具 .mp4

步骤 01 单击“文件”|“打开”命令，打开随书附带光盘的“素材 \ 第 4 章 \ 白云 .psd、卡通 .jpg”素材图像，如图 4-19 所示。

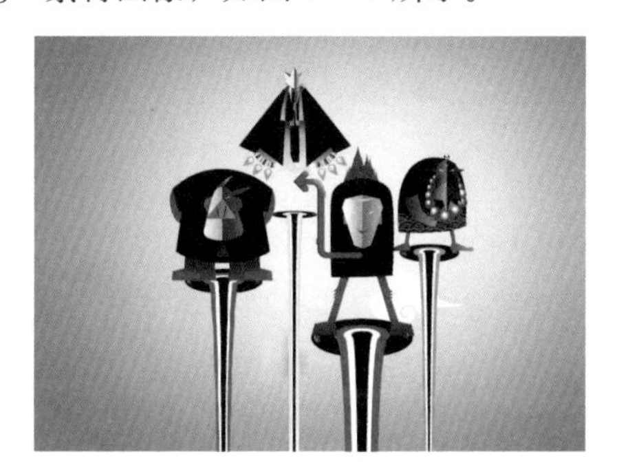

图4-19　素材图像

步骤 02 确认“白云”为当前图像编辑窗口，单击“编辑”|“定义图案”命令，弹出“图案名称”对话框，设置“名称”为“白云”，如图 4-20 所示，单击“确定”按钮。

步骤 03 确认“卡通”为当前图像编辑窗口，选取工具箱中的图案图章工具，在工具属性栏中，设置“画笔”为“柔边圆”、“图案”为“白云”，将鼠标指针移至图像编辑窗口中，拖动，即可制作图案效果，如图 4-21 所示。

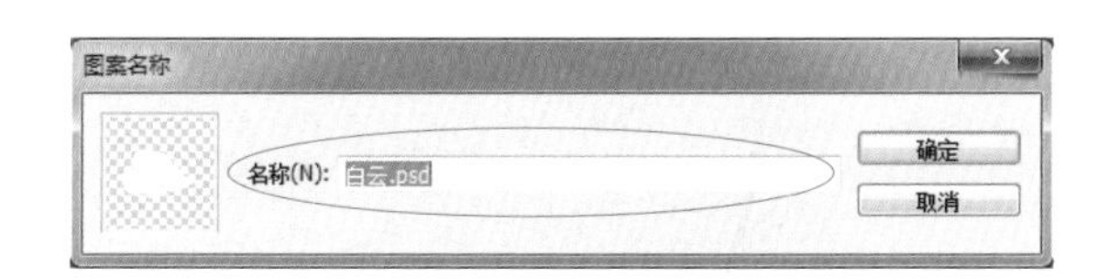

图4-20　“图案名称”对话框

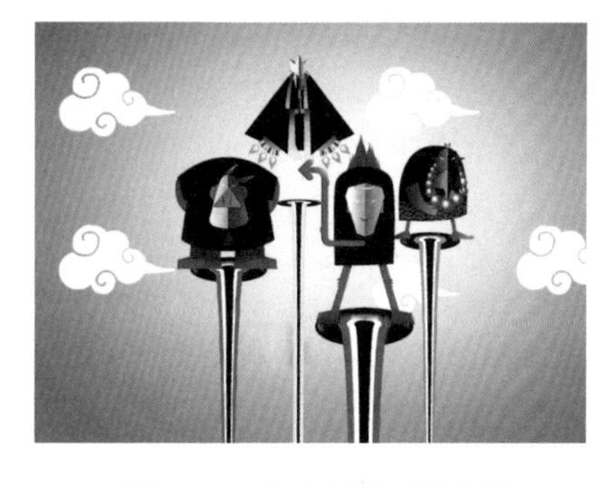

图4-21　制作图案后的图像

4.2.5　应用污点修复画笔工具

污点修复画笔工具可以自动进行像素的取样，只需在图像中有杂色或污渍的地方拖动，进行涂抹即可。

在 Photoshop　CS6 中，用户可以运用污点修复画笔工具对素材“咖啡 .jpg”进行修复污点操作，即选取工具箱中的污点修复画笔工具，移动至图像编辑窗口中的合适位置，拖动，对图像进行涂抹，鼠标涂抹过的区域呈黑色显示，如图 4-22 所示，释放鼠标，即可使用污点修复画笔工具修复图像，效果如图 4-23 所示。

图4-22　涂抹图像

图4-23　最终效果

提示

Photoshop CS6中的污点修复画笔工具能够自动分析单击处及周围图像的不透明度、颜色与质感，从而进行采样与修复操作。

4.2.6　应用修补工具

修补工具可以使用其他区域的色块域或图案来修补选中的区域，使用修补工具修复图像，可以将图像的纹理、亮度和层次进行保留，使图像的整体效果更加真实。

图4-24　创建选区

在 Photoshop CS6 中，用户可以运用修补工具对素材“装饰墙 .bmp”进行图像的纹理、亮度和层次的操作，即选取工具箱中的修补工具，将鼠标指针移至图像编辑窗口中，在需要修补的图像区域拖动，创建一个选区，如图 4-24 所示，单击并向下移动选区，至图像颜色相近的图像位置，效果如图 4-25 所示。

释放鼠标，即可对图像进行修补，按【Ctrl + D】组合键取消选区，效果如图 4-26 所示。

图4-25　移动选区

图4-26　修补图像后的效果

4.2.7　应用红眼工具

红眼工具是一个专用于修饰数码照片的工具，在 Photoshop　CS6 中常用于去除人物照片中的红眼。

图 4–27 所示为素材图像，选取工具箱中的红眼工具 ，拖动至图像编辑窗口中，在人物的眼睛上单击，效果如图 4–28 所示。

图4–27　素材图像

图4–28　去除红眼

4.3　对图像画面进行填充调色

通过各种输出设备获取的图像文件，通常会出现色调过暗、过亮或色调模糊的现象，此时，用户可以使用调色工具对图像进行修饰，达到满意的效果。调色工具包括油漆桶工具、渐变工具、减淡工具、海绵工具。

4.3.1　应用油漆桶工具

使用油漆桶 工具可快速、便捷地为图像填充颜色，填充的颜色以前景色为准。图 4–29 所示为素材图像，单击“窗口”|“工作区”|“绘画”命令，展开与绘画相关的面板，在“色板”面板中单击“RGB 黄”色块，选取工具箱中的油漆桶工具 ，将鼠标指针移至跑车图像上的白色区域，单击，即可填充黄色，效果如图 4–30 所示。

图4–29　素材图像

图4–30　填充颜色后的效果

4.3.2　应用渐变工具

使用渐变工具 可以进行多种颜色间的混合填充，增强图像的视觉效果。

在 Photoshop CS6 中，用户可以运用渐变工具对图像进行多种颜色间混合填充的操作。图 4–31 所示为素材图像，单击“图层 1”图层，设置前景色为黄色（RGB 参数值依次为 253、221、2），设置背景色为红色（RGB 参数值依次为 255、8、2）；选取工具箱中的渐变工具 ，在工具属性栏中单击“径向渐变”按钮，再单击“点按可编辑渐变”按钮，弹出“渐变编辑器”对话框，在“预设”选区中选择“前景色到背景色渐变”色块，单击“确定”按钮，将鼠标指针移至图像编辑窗口中的中心位置，向图像外侧拖动，如图 4-32 所示。

至合适位置后，释放鼠标，即可填充渐变色，效果如图 4-33 所示。

图4-31 素材图像

图4-32 拖动

图4-33 图像效果

4.3.3 应用减淡工具

使用减淡工具可以加亮图像的局部，通过提高图像选区的亮度来校正曝光，此工具常用于修饰人物照片与静物照片。

在 Photoshop CS6 中，用户可以运用减淡工具对素材“小树 .jpg”进行加亮图像局部的操作，即选取工具箱中的减淡工具，设置“曝光度”为 100%，在图像编辑窗口中涂抹，素材与效果如图 4-34 所示。

图4-34 素材图像与效果图

4.3.4 应用海绵工具

海绵工具为色彩饱和度调整工具，使用海绵工具可以精确地更改选取图像的色彩饱和度，其“模式”包括“饱和”与“降低饱和度”两种。

	素材文件	光盘 \ 素材 \ 第 4 章 \ 心形树 .jpg
	效果文件	光盘 \ 效果 \ 第 4 章 \ 心形树 .psd
	视频文件	光盘 \ 视频 \ 第 4 章 \ 4.3.4 应用海绵工具 .mp4

步骤 01 单击“文件”|“打开”命令，打开随书附带光盘的“素材\第4章\心形树.jpg”素材图像，如图4–35所示。

步骤 02 选取工具箱中的海绵工具，设置“流量”为50%，在图像编辑窗口中涂抹，效果如图4–36所示。

图4–35　素材图像

图4–36　修饰过的效果图

4.4　对图像画面进行擦除

擦除工具的主要作用就是清除图像，主要包括橡皮擦工具、背景橡皮擦工具和魔术橡皮擦工具3种，使用橡皮擦工具和魔术橡皮擦工具，可以将图像区域擦除并以背景色填充或透明填充；背景橡皮擦工具可以将图层擦除为透明。

4.4.1　应用橡皮擦工具

橡皮擦工具可以擦除图像，如果处理的是“背景”图层或锁定了透明区域的图层，涂抹区域会显示为背景色；处理其他图层时，可以擦除涂抹区域的像素。

在Photoshop CS6中，用户可以运用橡皮擦工具对图像进行涂抹图像的操作，如图4–37所示为素材图像，选取工具箱中橡皮擦工具，设置背景色为白色（B：100%、R：255、G：255、B：255），在橡皮擦工具属性栏中，设置相应参数，如图4–38所示。

图4–37　素材图像

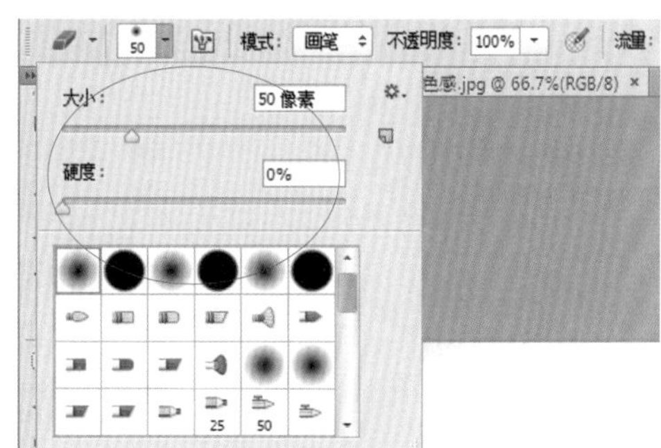

图4–38　设置相应参数

移动鼠标指针至图像编辑窗口中，单击，将文字区域擦除，被擦除的区域以白色填充，效果如图4–39所示。

图4-39　最终效果

4.4.2　应用背景橡皮擦工具

背景橡皮擦工具主要用于擦除图像的背景区域，被擦除的图像以透明效果进行显示，其擦除功能非常灵活。

素材文件	光盘 \ 素材 \ 第 4 章 \ 闹钟 .jpg
效果文件	光盘 \ 效果 \ 第 4 章 \ 闹钟 .psd
视频文件	光盘 \ 视频 \ 第 4 章 \ 4.4.2　应用背景橡皮擦工具 .mp4

步骤 01 单击“文件”|“打开”命令，打开随书附带光盘的“素材 \ 第 4 章 \ 闹钟 .jpg”素材图像，如图 4-40 所示。

步骤 02 选取工具箱中背景橡皮擦工具，如图 4-41 所示。

步骤 03 在背景橡皮擦工具属性栏中，设置相应参数，如图 4-42 示。

步骤 04 在图像编辑窗口中，拖动，涂抹图像，效果如图 4-43 所示。

图4-40　素材图像

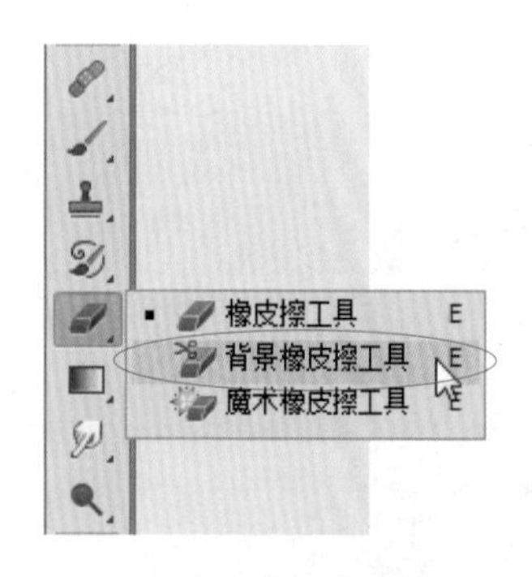

图4-41　选取背景橡皮擦工具

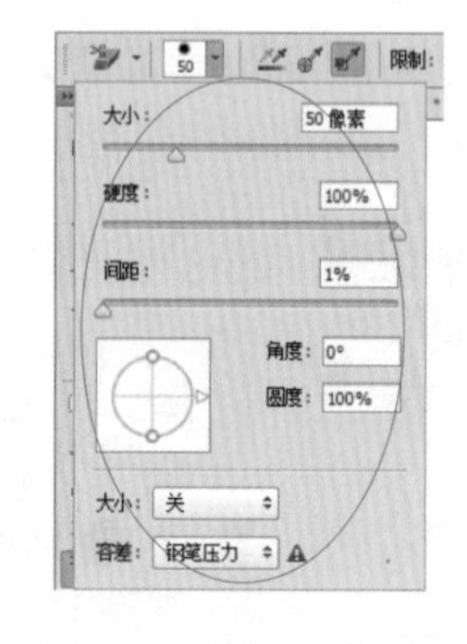

图4-42　设置相应参数

图4-43　最终效果

4.4.3　应用魔术橡皮擦工具

使用魔术橡皮擦工具，可以自动擦除当前图层中与选区颜色相近的像素。在 Photoshop CS6 中，用户可以运用魔术橡皮擦工具对图像进行擦除图像相近像素的操作，如图 4-44 所示为素材图像，选取工具箱中魔术橡皮擦工具，在图像编辑窗口中单击，即可擦除图像，效果如图 4–45 所示。

图4–44　素材图像

图4–45　最终效果

4.5　综合案例——制作春晓青荷效果

以制作春晓青荷效果为例，进一步学习如何提高图像亮度、擦除图像背景、合成图像。

4.5.1　提高图像亮度

用户可以运用海绵工具调整图像的色彩饱和度，使图像的画面效果更加靓丽。

	素材文件	光盘 \ 素材 \ 第 4 章 \ 春荷 .jpg
	效果文件	无
	视频文件	光盘 \ 视频 \ 第 4 章 \4.5.1　提高图像亮度 .mp4

步骤 01 单击“文件”|“打开”命令，打开随书附带光盘的“素材 \ 第 4 章 \ 春荷 .jpg”素材图像，如图 4–46 所示。

步骤 02 选取工具箱中的海绵工具，在工具属性栏中，设置“画笔”为“柔边圆”、“大小”为 125px、“模式”为“饱和”、“流量”为 50%，选中“自然饱和度”复选框；将鼠标指针移至图像编辑窗口中，拖动，涂抹图像，即可加深图像的饱和度，效果如图 4–47 所示。

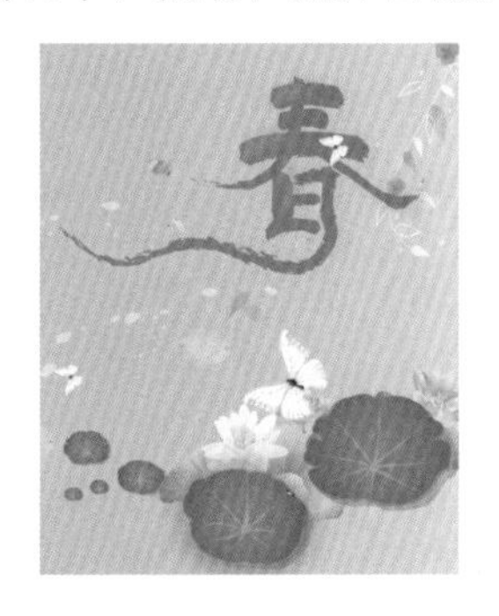

图4–46　素材图像

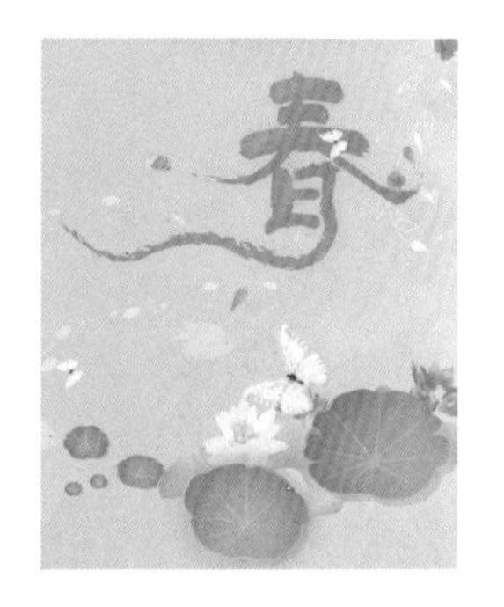

图4–47　增加饱和度后的效果

4.5.2　擦除图像背景

用户可以运用魔术橡皮擦工具擦除图像的背景。

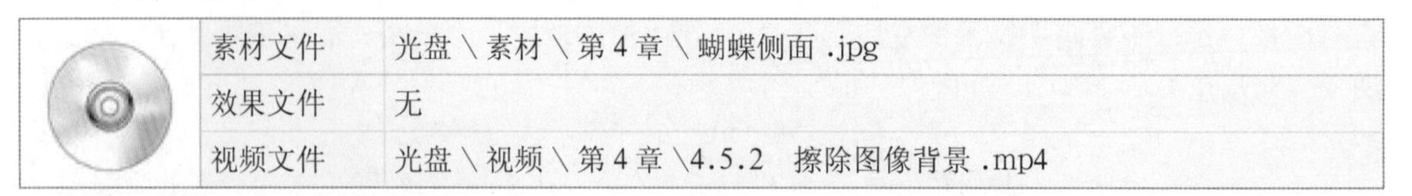

	素材文件	光盘 \ 素材 \ 第 4 章 \ 蝴蝶侧面 .jpg
	效果文件	无
	视频文件	光盘 \ 视频 \ 第 4 章 \4.5.2　擦除图像背景 .mp4

步骤 01 单击“文件”|“打开”命令，打开随书附带光盘的“素材 \ 第 4 章 \ 蝴蝶侧面 .jpg”素材图像，如图 4-48 所示。

步骤 02 选取工具箱中的魔术橡皮擦工具，将鼠标指针移至“蝴蝶”图像编辑窗口中，单击，即可擦除背景白色图像，效果如图 4-49 所示。

图4-48　素材图像

图4-49　擦除背景

4.5.3　合成效果图

	素材文件	上一例效果
	效果文件	光盘 \ 效果 \ 第 4 章 \ 春晓青荷 .psd
	视频文件	光盘 \ 视频 \ 第 4 章 \4.5.3　合成效果图 .mp4

步骤 01 选取移动工具，选中擦除背景的蝴蝶侧面图像，将其拖动到增加饱和度的春荷图像中，如图 4-50 所示。

步骤 02 按【Ctrl + T】组合键，调出变换控制框，调整蝴蝶侧面图像的大小和角度，按【Enter】键确认，并根据图像需要选取移动工具将擦除背景的蝴蝶侧面图像放至合适位置，效果如图 4-51 所示。

图4-50　调整大小

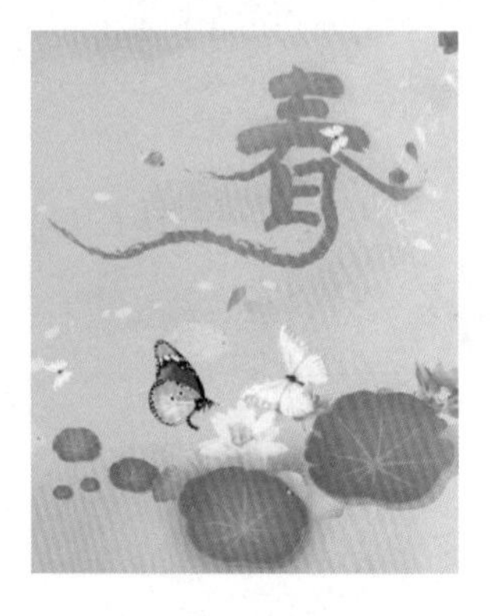

图4-51　合成图

本章小结

本章主要学习图像的美化与修饰，通过应用各种调色和修饰图像的工具来了解各工具的特点和功能，如选取颜色、填充颜色与图案、设置画笔、修饰图像、修复和修补图像、调色工具和擦除工具等内容。

课后习题

鉴于本章知识的重要性，为帮助用户更好地掌握所学知识，通过课后习题对本章内容进行简单的知识回顾。

	素材文件	光盘 \ 素材 \ 第 4 章 \ 课后习题 \ 手表 .jpg
	效果文件	光盘 \ 效果 \ 第 4 章 \ 课后习题 \ 手表 .psd
	学习目标	掌握运用背景橡皮擦工具的操作方法

本习题需要除去素材中的背景，素材如图 4-52 所示，最终效果如图 4-53 所示。

图4-52 素材图像

图4-53 效果图

第5章

校正图像色彩与色调

本章引言

校正图像色彩与色调是图像修饰和设计中一项非常重要的内容。Photoshop CS6 提供了较为完美的色彩调整功能，使用这些功能可以查看图像的颜色分布、转换图像颜色模式、识别色域范围外的颜色、自动校正图像色彩 / 色调以及图像色彩的基本调整等。

本章主要内容

5.1　掌握颜色属性

有时，色彩是判断艺术性作品第一印象好坏的基准，每幅优秀的作品中，张弛有度的色彩比平淡无奇的色彩要更显得绚丽，同时更能激发人们的感情；色相、饱和度和亮度这3个色彩要素，共同构成人类视觉中完整的颜色表相。因此，了解并掌握一定的色彩知识是十分必要的。

5.1.1　色相

色相指的是色的相貌，它可以包括很多色彩，光学中的三原色为红、蓝、绿，如图5–1所示，而在光谱中最基本的色相可分为红、橙、黄、绿、蓝、紫6种颜色，如图5–2所示。

图5–1　三原色图

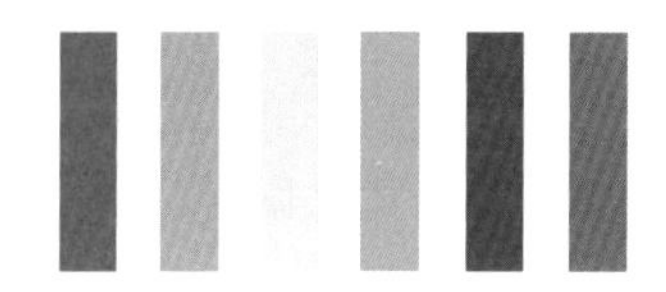

图5–2　基本色相

5.1.2　明度

明度指的是色彩的明暗程度或深浅程度，当色相与纯度脱离了明度就无法显现。不同明度值的图像效果给人的心理感受也有所不同，高明度色彩给人以纯净、舒适等感受，如图5–3所示。低明度色彩则让人感觉神秘、压抑，如图5–4所示。

图5–3　高明度图像

图5–4　低明度图像

5.1.3　饱和度

饱和度是指颜色的强度或纯度，它表示色相中颜色本身色素分量所占的比例，使用从0%～100%的百分比来度量。在标准色轮上，饱和度以中心为基准，以中心到边缘逐渐递增的形式改变，颜色的饱和度越高，颜色就越鲜艳，反之颜色则因包含其他颜色而显得混浊。

不同饱和度的颜色会给人带来不同的视觉感受，高饱和度的颜色给人生气勃勃、积极向上的感觉，如图5–5所示，低饱和度的颜色则容易给人消极、沉重的感觉，如图5–6所示。

图5-5 高饱和度图像

图5-6 低饱和度图像

5.2 了解颜色模式

颜色模式是以不同的方法或不同的基础色定义千万种不同颜色的一种方式，由于每一种定义方式都以数值形式来体现，使不同计算机平台、不同用户得到的同一种颜色效果完全一样。

5.2.1 双色调模式

彩色印刷品通常情况下都是以 CMYK 颜色模式来印刷的，但也有些印刷物（如名片）往往只需要用两种油墨颜色就可以表现出图像的层次感和质感。因此，如果并不需要全彩色的印刷质量，可以考虑采用双色调模式印刷，以降低成本。

要将图像转换为双色调模式，必须先将图像转换为灰度模式，然后由灰度模式转换为双色调模式，如图 5-7 所示。

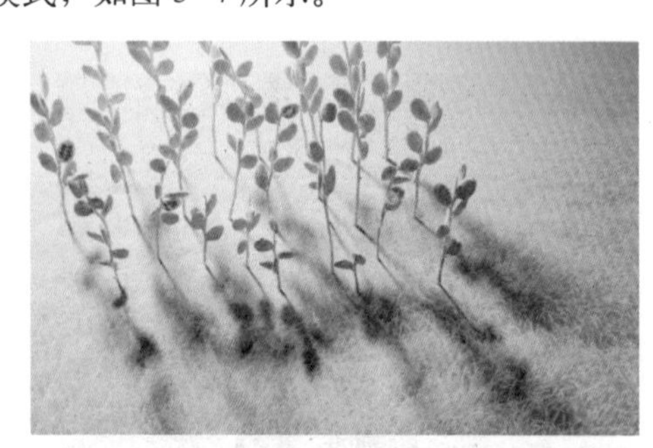

图5-7 双色调模式

5.2.2 索引颜色模式

索引颜色模式使用 256 种颜色来表现单通道图像（8 位 / 像素），在这种模式中只能对图像进行有限的编辑。当将一幅其他模式的图像转换为索引颜色模式时，Photoshop CS6 会构建一个颜色查照表（CLUT），它存放并索引图像中的颜色。

	素材文件	光盘 \ 素材 \ 第 5 章 \ 蓝天 .jpg
	效果文件	光盘 \ 效果 \ 第 5 章 \ 蓝天 .psd
	视频文件	光盘 \ 视频 \ 第 5 章 \5.2.2 索引颜色模式 .mp4

步骤 01 单击“文件”|“打开”命令，打开随书附带光盘的“素材\第5章\蓝天.jpg”素材图像，如图5-8所示。

步骤 02 单击“图像”|“模式”|“灰度”命令，在弹出的信息提示框中单击“扔掉”按钮，单击“图像”|“模式”|“索引颜色”命令，将图像转换成为索引颜色模式，如图5-9所示。

图5-8　素材图像

图5-9　转换为索引颜色模式

步骤 03 单击“图像”|“模式”|“颜色表”命令，弹出“颜色表”对话框，单击“颜色表”右侧的下拉按钮，在弹出的列表框中选择“黑体”选项，如图5-10所示。

步骤 04 单击“确定”按钮，即可将图像转换为索引模式，如图5-11所示。

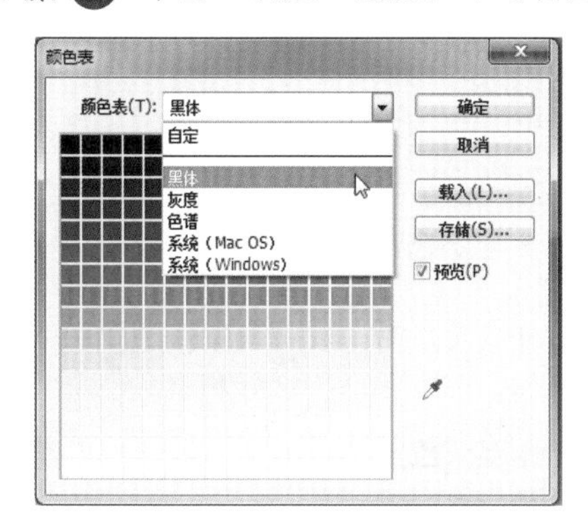

图5-10　选择“黑体”选项

图5-11　索引颜色模式示意图

5.3　校正色彩/色调

在Photoshop CS6中提供的4个自动校正图像色彩色调的命令，会根据图像的属性对图像色彩与色调进行自动校正，不需要设置任何参数或选项。

5.3.1　自动校正图像明暗

在Photoshop CS6中，“自动色调”命令可以对图像中的亮部和暗部进行自动调整，并按照一定的比例分布亮部和暗部的颜色。

在Photoshop CS6中，用户可以运用“自动色调”命令对素材“天际.jpg”，如图5-12所示

示，进行色彩明暗的调整操作，即单击“图像”|“自动色调”命令，即可改变图像色调，如图 5-13 所示。

图5-12　素材图像

图5-13　最终效果

提示

在Photoshop CS6中，“自动色调”命令只对色调丰富的图像相当有用，而对色调单一的图像或色彩不丰富的图像几乎不起作用。除了使用“自动色调”命令外，用户还可以按【Ctrl + Shift + L】组合键，自动调整图像色调。

5.3.2 自动校正图像色彩

在 Photoshop CS6 中，色阶是指图像中的颜色或颜色中的某一个组成部分的亮度范围。

	素材文件	光盘 \ 素材 \ 第 5 章 \ 海绵 .jpg
	效果文件	光盘 \ 效果 \ 第 5 章 \ 海绵 .psd
	视频文件	光盘 \ 视频 \ 第 5 章 \5.3.2　自动校正图像色彩 .mp4

步骤 01 单击“文件”|“打开”命令，打开随书附带光盘的“素材 \ 第 5 章 \ 海绵 .jpg”素材图像，如图 5-14 所示。

步骤 02 单击“图像”|“调整”|“色阶”命令，弹出“色阶”对话框，单击“自动”按钮，然后单击“确定”按钮，即可自动调整图像色阶，如图 5-15 所示。

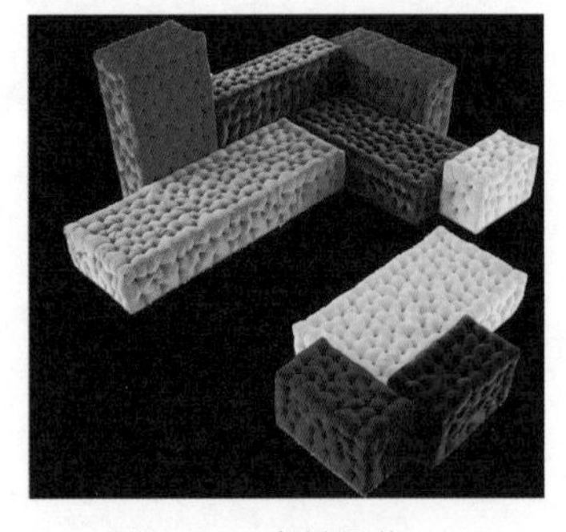

图5-14　素材图像

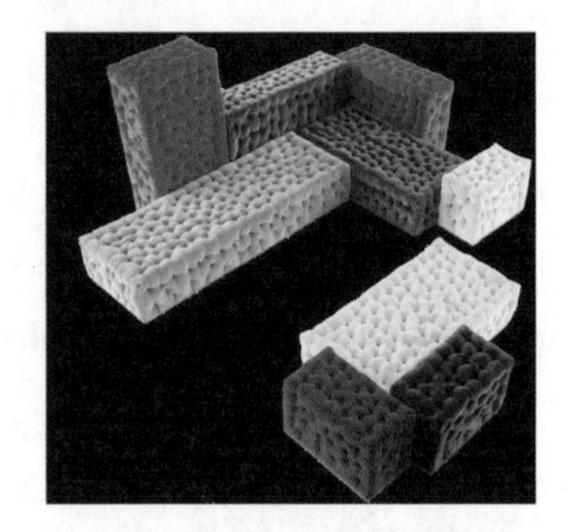

图5-15　调整图像色阶

5.3.3　自动校正图像对比度

在 Photoshop CS6 中，使用“自动对比度”命令可以自动调节图像整体的对比度和混合颜色，它将图像中最亮和最暗的像素映射为白色和黑色，使高光显得更亮而暗调显得更暗。

在 Photoshop CS6 中，用户可以运用“自动对比度”命令对图像进行自动校正图像对比度操作，图 5–16 所示为素材图像，单击“图像”|“自动对比度”命令，即可自动调整图像对比度，如图 5–17 所示。

图5–16　素材图像

图5–17　调整图像对比度

5.3.4　自动校正图像颜色

在 Photoshop CS6 中运用“自动颜色”命令，可以对图像的颜色进行自动校正，若图像有偏色与饱和度过高的现象，使用该命令可以进行自动调整。

在 Photoshop CS6 中，用户可以运用“自动颜色”命令对图像进行自动校正图像颜色操作，图 5–18 所示为素材图像，单击“图像”|“自动颜色”命令，系统将自动对图像的颜色进行校正，效果，如图 5–19 所示。

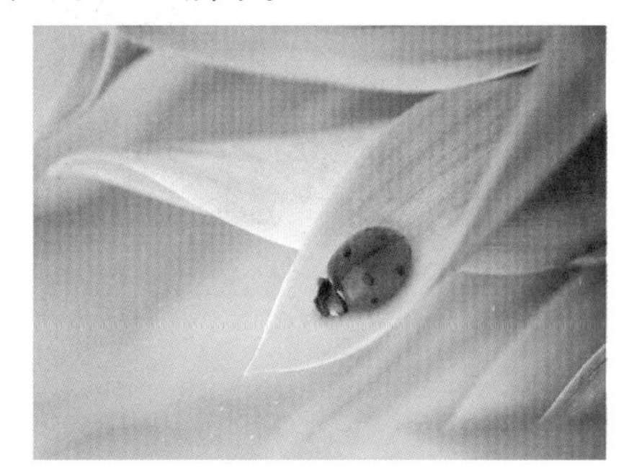

图5–18　素材图像

图5–19　自动校正颜色后的图像

提示

除了可以使用“自动颜色”命令调整图像色彩以外，还可以按【Shift + Ctrl + B】组合键，调整图像色彩。

5.4　调整图像色调

在 Photoshop CS6 中，用户对图像进行基本调整或处理后，可以对照片中的某些色彩进行替换，或匹配其他喜欢的颜色等细化操作，使照片更加具有个人的色彩情调。

5.4.1 调整图像偏色

“色彩平衡”命令主要通过对处于高光、中间调及阴影区域中的指定颜色进行增加或减少，来改变图像的整体色调。

在Photoshop CS6中，用户可以运用“色彩平衡”命令对素材“红酒.jpg”，如图5–20所示，进行调整图像偏色的操作，即单击“图像”|“调整”|“色彩平衡”命令，如图5–21所示。

图5–20 素材图像

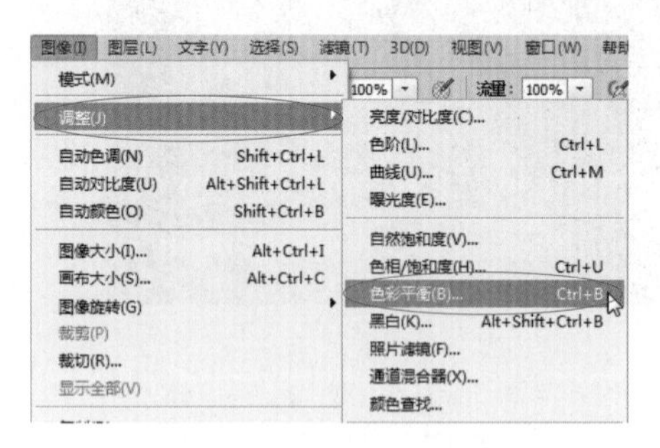

图5–21 单击“色彩平衡”命令

弹出“色彩平衡”对话框，设置“色阶”为0、+100、–20，如图5–22所示。单击“确定”按钮，即可调整图像偏色，效果如图5–23所示。

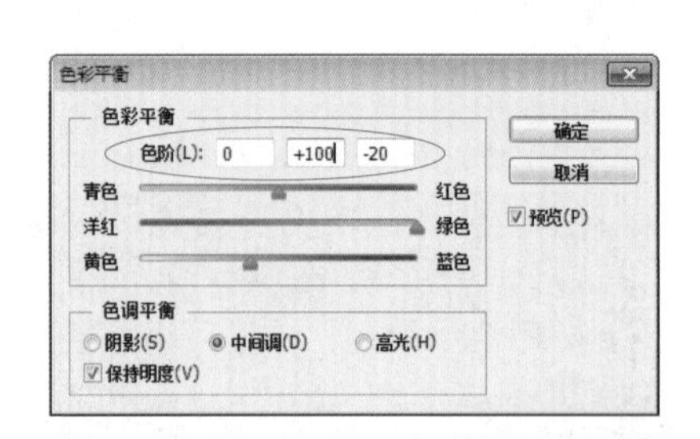

图5–22 设置相应参数

图5–23 最终效果

5.4.2 匹配图像色调

在Photoshop CS6中，“匹配颜色”命令可以对图像的明亮度、饱和度以及颜色平衡进行调整，并可以将图像的整体色调匹配为其他图像的色调。

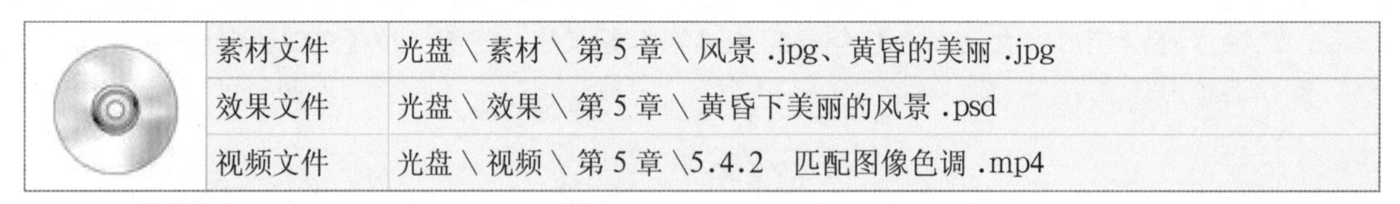

素材文件	光盘\素材\第5章\风景.jpg、黄昏的美丽.jpg
效果文件	光盘\效果\第5章\黄昏下美丽的风景.psd
视频文件	光盘\视频\第5章\5.4.2 匹配图像色调.mp4

步骤01 单击“文件”|“打开”命令，打开随书附带光盘的“素材\第5章\风景.jpg、黄昏的美丽.jpg”素材图像，如图5–24所示。

步骤02 将鼠标指针移至“风景”图像编辑窗口中，单击“图像”|“调整”|“匹配颜色”命令，弹出“匹配颜色”对话框，在“图像选项”选项区中设置“明亮度”为102、“颜色强度”为59、“渐隐”

为37，单击“源”右侧的下拉按钮，在弹出的列表框中选择“黄昏的美丽”选项，如图5–25所示。

图5–24　素材图像

图5–25　设置相应数值

步骤 03 执行上述操作后，单击“确定”按钮，即可匹配图像的色调，如图5–26所示。

图5–26　匹配图像色调

5.4.3　替换图像色调

在Photoshop CS6中，使用“替换颜色”命令能够基于特定颜色通过在图像中创建蒙版来调整色相、饱和度和明度值，能够将整幅图像或者选定区域的颜色用指定的颜色代替。

	素材文件	光盘\素材\第5章\桔梗.jpg
	效果文件	光盘\效果\第5章\桔梗.psd
	视频文件	光盘\视频\第5章\5.4.3　替换图像色调.mp4

步骤 01 单击“文件”|“打开”命令，打开随书附带光盘的“素材\第5章\桔梗.jpg”素材图像，如图5–27所示。

步骤 02 单击“图像”|“调整”|“替换颜色”命令，弹出“替换颜色”对话框，设置“颜色容差”为114，单击“添加到取样”按钮，将鼠标指针移至黑色区域内，多次单击，选中图像中的花朵，如图5–28所示。

步骤 03 单击“替换”选项区中的“结果”色块，弹出“拾色器”对话框，设置RGB颜色值为232、241、65，如图5–29所示。

步骤 04 单击“确定”按钮，返回“替换颜色”对话框，再次单击“确定”按钮，即可替换图像的色调，如图 5-30 所示。

图5-27 素材图像

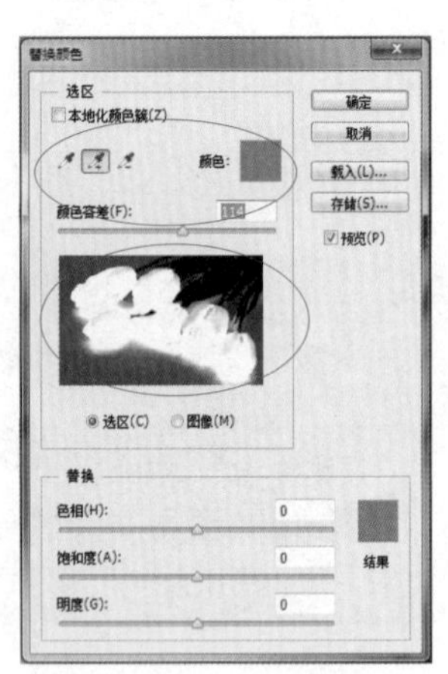

图5-28 设置相应数值

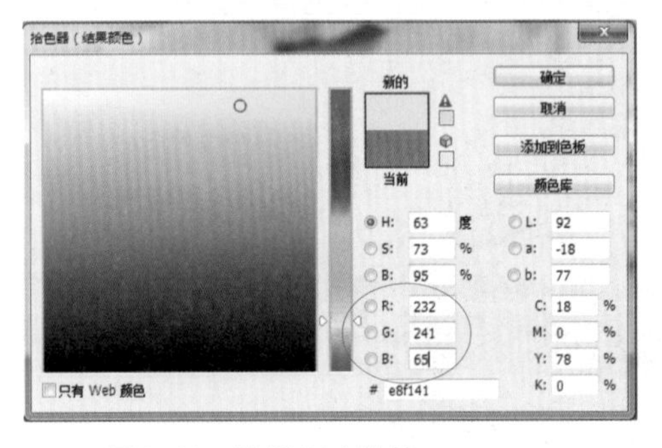

图5-29 设置相应数值

图5-30 替换图像色调

5.4.4 调整图像色彩

在 Photoshop CS6 中，“通道混合器”命令可以将所选的通道与想要调整的颜色通道混合，从而修改颜色通道中的光线亮，影响其颜色含量，最终改变色彩。

图 5-31 所示为素材图像，单击“图像”|“调整”|“通道混合器”命令，弹出“通道混合器”对话框，设置“输出通道”为“绿”，再设置“红色”为 70、“绿色”为 160，单击“确定”按钮，即可调整图像色彩，如图 5-32 所示。

图5-31 素材图像

图5-32 调整通道混合器后的效果

5.4.5　过滤图像色调

在 Photoshop　CS6 中，“照片滤镜”命令是模仿镜头前的加彩色滤镜效果，通过调整镜头传输前的色彩平衡和色温，使照片呈现出暖色调、冷色调的图像效果。

图 5–33 所示为素材图像，单击“图像”|“调整”|“照片滤镜”命令，弹出“照片滤镜”对话框，单击“滤镜”右侧的下拉按钮，在弹出的列表中选择“冷却滤镜（80）”选项，设置“浓度”为 30%，单击“确定”按钮，即可调整图像色调，如图 5–34 所示。

图5–33　素材图像

图5–34　调整色调后的效果

5.4.6　调整图像对比度

在 Photoshop　CS6 中，用户使用“阴影 / 高光”命令能快速调整图像曝光过度或曝光不足区域的对比度，同时保持照片色彩的整体平衡。

图 5–35 所示为素材图像，单击“图像”|“调整”|“阴影 / 高光”命令，弹出“阴影 / 高光”对话框，在“阴影”选项区中设置“数量”为 40，在“高光”选项区中设置“数量”为 40，单击“确定”按钮，即可调整图像色调，如图 5–36 所示。

图5–35　素材图像

图5–36　调整阴影高光后的效果

提示

“阴影/高光”命令适用于校正由强逆光而形成阴影的照片，或者校正由于太接近闪光灯而有些发白的焦点。在CMYK颜色模式的图像中不能使用该命令。

5.4.7　校正图像颜色平衡

在 Photoshop　CS6 中，“可选颜色”命令主要校正图像的色彩不平衡和调整图像的色彩，它可以在高档扫描仪和分色程序中使用，并有选择性地修改主要颜色的印刷数量，不会影响到其他主要颜色。

图5－37所示为素材图像，即单击“图像”|“调整”|“可选颜色”命令，弹出“可选颜色”对话框，设置“颜色”为青色，再设置“青色”为－20、“洋红”为100、“黄色”为0、“黑色”为0，单击“确定”按钮，即可通过“可选颜色”命令调整图像的色彩，如图5－38所示。

图5－37　素材图像

图5－38　调整可选颜色后的图像

5.5　综合案例——制作湖洋美景效果

以制作湖洋美景效果为例，进一步学习如何转换图像颜色模式、调整图像饱和度、调整图像亮度。

5.5.1　转换图像 RGB 颜色模式

RGB模式为彩色图像中每个像素的RGB分量指定一个介于0（黑色）到255（白色）之间的强度值。

	素材文件	光盘 \ 素材 \ 第 5 章 \ 湖洋美景 .jpg
	效果文件	无
	视频文件	光盘 \ 视频 \ 第 5 章 \5.5.1　转换图像 RGB 颜色模式 .mp4

步骤 01 单击“文件”|“打开”命令，打开随书附带光盘的“素材 \ 第 5 章 \ 湖洋美景 .jpg”素材图像，如图5－39所示。

步骤 02 单击“图像”|“模式”|“RGB颜色”命令，即可将图像转换成RGB模式，效果如图5－40所示。

图5－39　素材图像

图5－40　转换成RGB模式后的图像

5.5.2　调整图像饱和度

使用“色相／饱和度”命令可以精确地调整整幅图像，或单个颜色成分的色相、饱和度和明度。

	素材文件	上一例效果
	效果文件	无
	视频文件	光盘＼视频＼第 5 章＼5.5.2　调整图像饱和度 .mp4

步骤 01 单击“图像”|“调整”|“色相／饱和度”命令，弹出“色相／饱和度”对话框，设置“饱和度”为 50，如图 5-41 所示。

步骤 02 单击“确定”按钮，即可调整图像的饱和度，如图 5-42 所示。

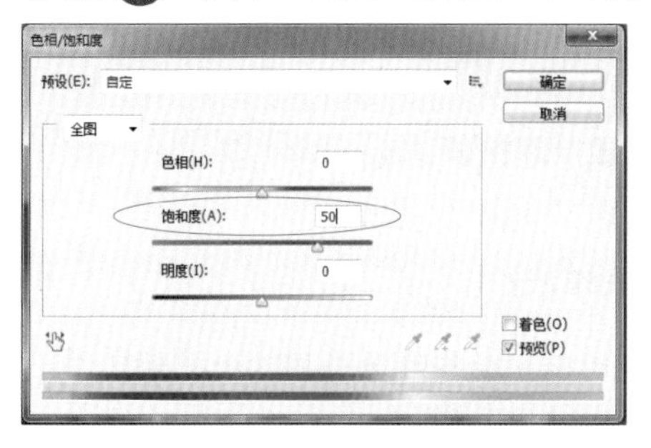

图5-41　调整色相/饱和度

图5-42　效果图

5.5.3　调整图像亮度

“亮度／对比度”命令主要对图像每个像素的亮度或对比度进行整体调整，此调整方式方便、快捷，但不适用于较为复杂的图像。

	素材文件	上一例效果
	效果文件	光盘＼效果＼第 5 章＼湖洋美景 .psd
	视频文件	光盘＼视频＼第 5 章＼5.5.3　调整图像亮度 .mp4

步骤 01 单击“图像”|“调整”|“亮度／对比度”命令，弹出“亮度／对比度”对话框，设置“亮度”为 40，如图 5-43 所示。

步骤 02 单击“确定”按钮，即可调整图像的亮度，如图 5-44 所示。

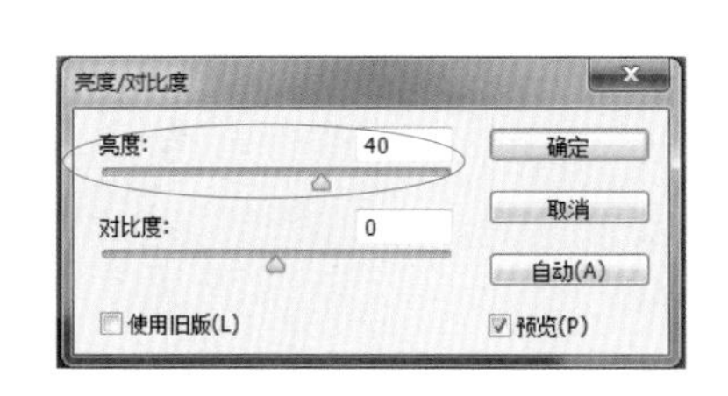

图5-43　调整亮度/对比度

图5-44　效果图

本章小结

本章主要学习软件中各种色彩和色调的调整功能，先从理论基础部分讲解了色彩的重要性和颜色的基本属性，以及查看颜色分布的各种方法。后通过实例的详解对每种色彩调整的方法或功能进行逐步分析，如校正色彩色调和调整图像色调，让用户可以更加清楚并掌握各个技巧的运用。

课后习题

鉴于本章知识的重要性，为帮助用户更好地掌握所学知识，通过课后习题对本章内容进行简单的知识回顾。

	素材文件	光盘 \ 素材 \ 第 5 章 \ 课后习题 \ 立体字 .jpg
	效果文件	光盘 \ 效果 \ 第 5 章 \ 课后习题 \ 立体字 .psd
	学习目标	掌握运用“色彩平衡”命令的操作方法

本习题需要调整素材图像的色彩，素材如图 5-45 所示，最终效果如图 5-46 所示。

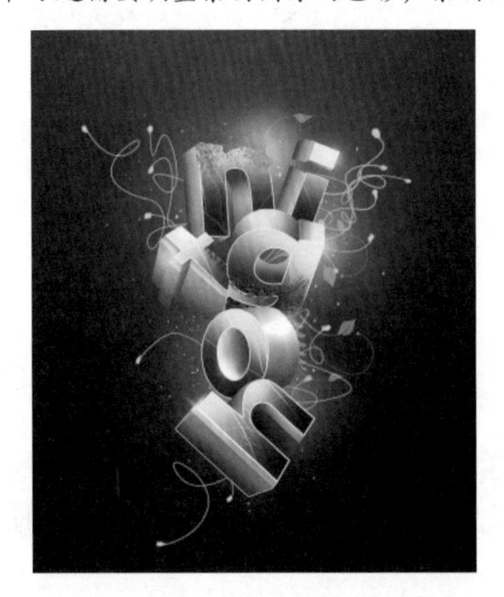

图5-45　素材图像

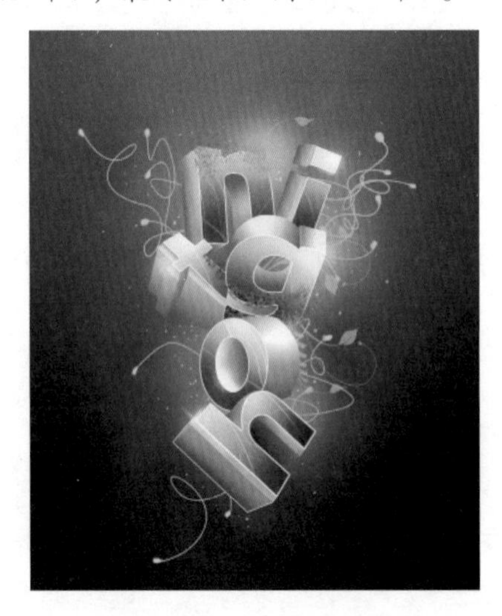

图5-46　效果图

I❤U

第6章

应用绘图工具美化图像

本章引言

对于用户来说，Photoshop CS6 中的绘图工具是美化图像的大“功臣”，用户可以运用绘图工具制作出自己想要的图像。本章将讲解应用绘图工具美化图像的相关操作方法。

本章主要内容

■ 6.1　认识绘图工具与功能

■ 6.2　定义与管理画笔对象

■ 6.3　应用画笔特效美化图像

■ 6.4　综合案例——制作春意盎然效果

6.1 认识绘图工具与功能

在Photoshop CS6中，最常用的绘图工具有画笔工具和铅笔工具，使用它们可以像使用传统手绘的画笔一样，但比传统手绘更为灵活的是可以随意替换画笔大小和绘图前景色。

Photoshop CS6之所以能够绘制出丰富、逼真的图像效果，在于其具有强大的“画笔”调板功能，它使用户能够通过控制画笔参数，获得丰富的画笔效果。

6.1.1 画笔工具

画笔工具是绘制图形时使用最多的工具之一，利用画笔工具可以绘制边缘柔和的线条，且画笔的大小、边缘柔和的幅度都可以灵活调节。

选择工具箱中的画笔工具，在如图6−1所示的画笔工具属性栏中设置相关参数即可进行绘图操作。

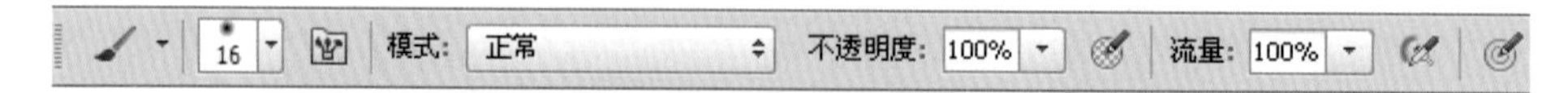

图6−1 画笔工具属性栏

提示

画笔工具属性栏中各主要选项含义如下：

- 画笔下拉面板：单击“画笔”选项右侧的下拉按钮，可以打开画笔下拉面板，在面板中选择笔尖，设置画笔的大小和硬度。
- 画笔预设：用于选择不同功能的画笔。
- “切换画笔面板”按钮：单击该按钮，即可切换并展开“画笔”面板。
- 模式：可以选择画笔笔迹颜色与下面的像素的混合模式。
- 不透明度：用于设置画笔的不透明度，该值越低，线条的透明度越高，使用不同透明度绘制出的颜色效果不同。
- “喷枪”按钮：激活此按钮，使用画笔绘画时绘制的颜色会因鼠标指针的停留而向外扩展，画笔笔头的硬度越小，效果越明显。
- 流量：用于设置画笔在绘画时的压力大小，数值越大，画出的颜色越深。

6.1.2 铅笔工具

铅笔工具也是使用前景色来绘制线条的，它与画笔工具的区别是：画笔工具可以绘制带有柔边效果的线条，而铅笔工具只能绘制硬边线条，如图6−2所示为铅笔工具属性栏，除“自动抹除”功能外，其他选项均与画笔工具相同。

图6−2 铅笔工具属性栏

提示

铅笔工具属性栏中的“自动抹除”选项含义：选择该复选框后，开始拖动时，如果鼠标指针的中心在包含前景色的区域上，可将该区域涂抹成背景色；如果鼠标指针的中心在不包含前景色的区域上，则可以将该区域涂抹成前景色。

6.1.3　画笔预设

单击“画笔预设”按钮，展开“画笔预设”面板，如图6–3所示，这里相当于所有画笔的一个控制台，可以利用“描边缩览图”显示方式方便地观看画笔描边效果，或者对画笔进行重命名、删除等操作。

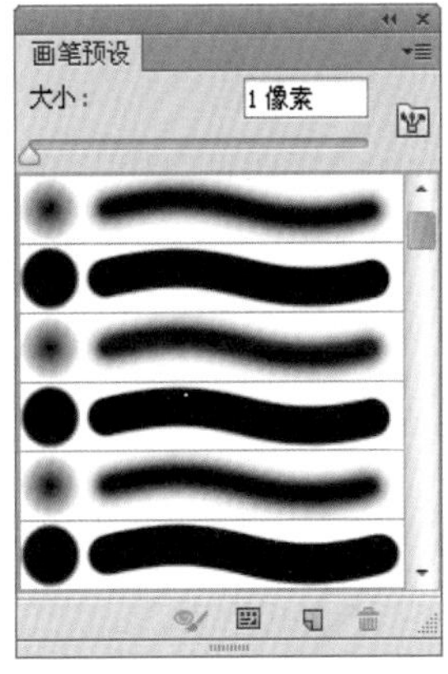

图6–3　“画笔预设”面板

提示

“画笔预设”面板属性栏中各主要选项含义如下：

- 大小：在文本框中输入相应大小，或者拖动画笔形状列表框下面的“主直径”滑块，都可以调节画笔的直径。
- 画笔预设：在其中可以选择不同的画笔笔尖形状。
- “切换画笔面板”按钮：单击该按钮，即可返回至“画笔”面板。
- 画笔工具箱：通过单击该区域中不同按钮可以进行隐藏/显示、管理、新建以及删除画笔操作。

6.1.4　画笔笔尖形状

画笔笔尖形状由许多单独的画笔笔迹组成，其决定了画笔笔迹的直径和其他特性，用户可以通过编辑其相应选项来设置画笔笔尖形状。

选取工具箱中的画笔工具，单击“窗口”|“画笔”命令，展开“画笔”面板，如图6–4所示。

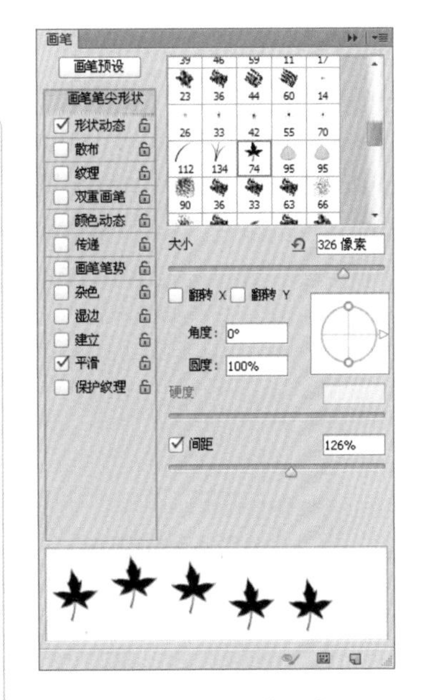

图6–4　“画笔”面板

提示

“画笔”面板属性栏中各主要选项含义如下：

- 大小：用来设置画笔的大小，范围为1~2500px。
- 翻转X/翻转Y：用来改变画笔笔尖在其X或Y轴上的方向。
- 角度：用来设置椭圆笔尖和图像样本笔尖的旋转角度，可以在文本框中输入角度值，也可以拖动箭头进行调整。
- 圆度：用来设置画笔长轴和短轴之间的比率，可以在文本框中输入数值，或拖动控制点来调整。
- 硬度：用来设置画笔硬度中心的大小，该值越小，画笔的边缘越柔和。
- 间距：用来控制描边中两个画笔笔迹之间的距离，该值越高，间隔距离越大。

6.2 定义与管理画笔对象

除了编辑画笔的形状，用户还可以自定义图案画笔，以创建更丰富的画笔效果。

6.2.1 定义画笔笔刷

用户可以将自己喜欢的图像或图形定义为画笔笔刷。

可将如图6–5所示的花作为笔刷，选取工具箱中的魔棒工具，选取一个花朵的选区，单击“编辑”|“定义画笔预设”命令，弹出“画笔名称”对话框，设置“名称”为“花”，单击“确定”按钮，即可确认操作，选取工具箱中的画笔工具，在工具属性栏中的“画笔预设”选项中选择“花”画笔，设置前景色颜色为红色（RGB参数值分别为234、124、239），选择要编辑的素材“绿茶.jpg”为当前编辑窗口，移动鼠标指针至图像合适位置并单击，即可运用定义笔刷，效果如图6–6所示。

图6–5　笔刷图像

图6–6　运用笔刷后的效果图

6.2.2 定义画笔散射

当选中“画笔”面板中的“散布”复选框，可以设置画笔绘制的图形或线条产生一种笔触散射效果。“散布”复选框的含义是：控制画笔偏离绘画路线的程度，数值越大，偏离的距离就越大，若选中“两轴”复选框，则绘制的对象将在X、Y两个方向分散，否则仅在一个方向上分散。

图6–7所示为素材图像，选取工具箱中的画笔工具，展开“画笔”面板，在其中设置各选项，选中“画笔”面板左侧的“散布”复选框，设置“数量”为2、“数量抖动”为62%。设置前景色为绿色（RGB参数值分别为113、244、147），移动鼠标指针至图像编辑窗口中，拖动，绘制图像，效果如图6–8所示。

图6–7　素材图像及设置“画笔”面板参数

图6–8　绘制图像后的效果

6.2.3　定义双重画笔

“双重画笔”选项与“纹理”选项的原理基本相同，只是“双重画笔”选项是画笔与画笔之间的混合，“纹理”选项是画笔与纹理之间的混合。

图 6–9 所示为素材图像，选取工具箱中的画笔工具，展开“画笔”面板，选中“画笔”面板左侧的“双重画笔”复选框，设置“大小”为 85px、“间距”为 41%、“散布”为 1000%、“数量”为 7，设置前景色为青色（RGB 参数值分别为 117、198、243），绘制图像，效果如图 6–10 所示。

图6–9　素材图像

图6–10　绘制图像后的效果图

6.2.4　载入与复位画笔

在“画笔预设”面板中的列表框显示的只是软件所提供的部分画笔，可以根据需要载入所存储的画笔，同时也可以对画笔进行复位。

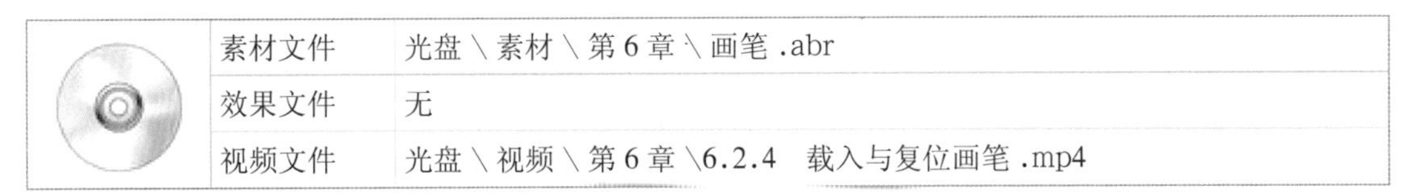

	素材文件	光盘 \ 素材 \ 第 6 章 \ 画笔 .abr
	效果文件	无
	视频文件	光盘 \ 视频 \ 第 6 章 \6.2.4　载入与复位画笔 .mp4

步骤 01　选取画笔工具，展开“画笔预设”面板，单击面板右上角的控制按钮，在弹出的快捷菜单中选择“载入画笔”选项，如图 6–11 所示。

步骤 02　执行操作后，即可弹出“载入”对话框，设置好“查找范围”，再选择所需要载入的画笔选项，如图 6–12 所示。

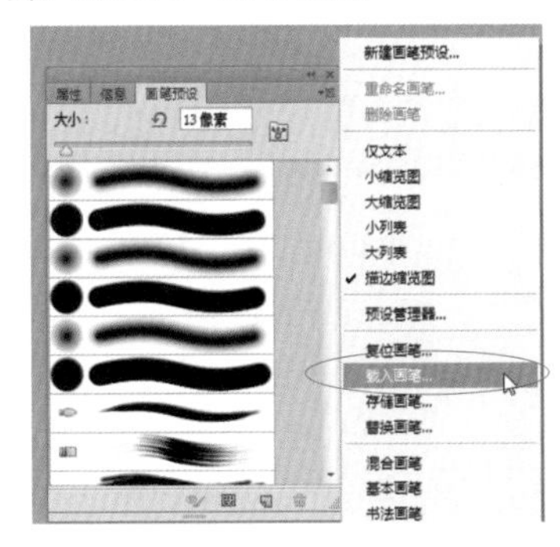

图6–11　选择“载入画笔”选项

图6–12　“载入”对话框

步骤 03 单击“载入”按钮，即可载入所选择的画笔，此时，“画笔预设”画板的列表框中显示了所载入的画笔，单击面板右上角的控制按钮，在弹出的快捷菜单中选择“复位画笔”选项，如图 6–13 所示。

步骤 04 弹出信息提示框，单击“确定”按钮，即可复位画笔，如图 6–14 所示。

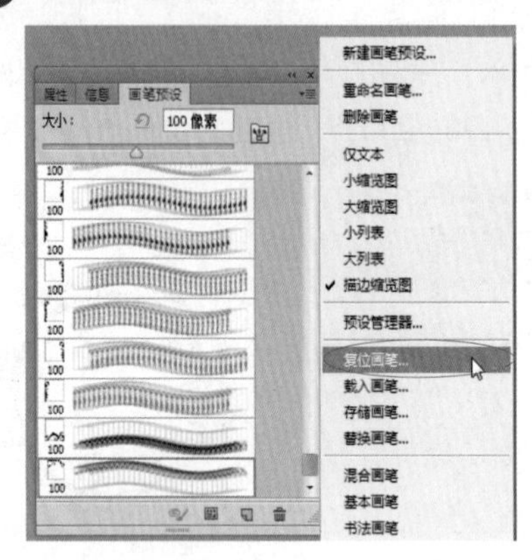

图6–13 选择“复位画笔”选项

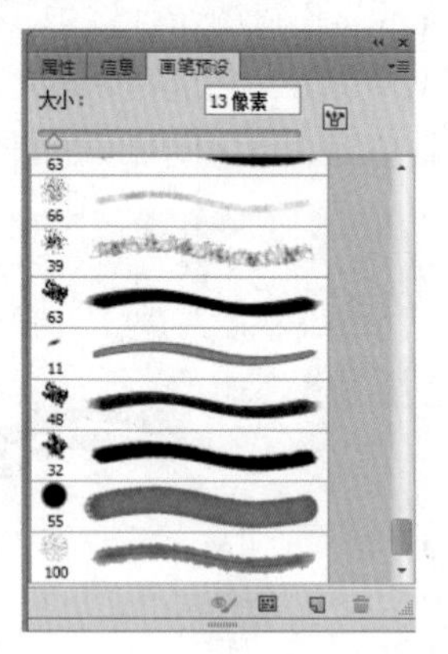

图6–14 复位画笔

6.2.5 保存画笔

用户在定义画笔后，可以将画笔进行保存，收藏画笔样式，方便在日后再次使用。

选取画笔工具，展开“画笔预设”面板，单击面板右上角的控制按钮，在弹出的快捷菜单中选择“存储画笔”选项，如图 6–15 所示，弹出“存储”对话框，选择保存路径，设置“文件名”为“画笔”，如图 6–16 所示，单击“保存”按钮，即可存储画笔。

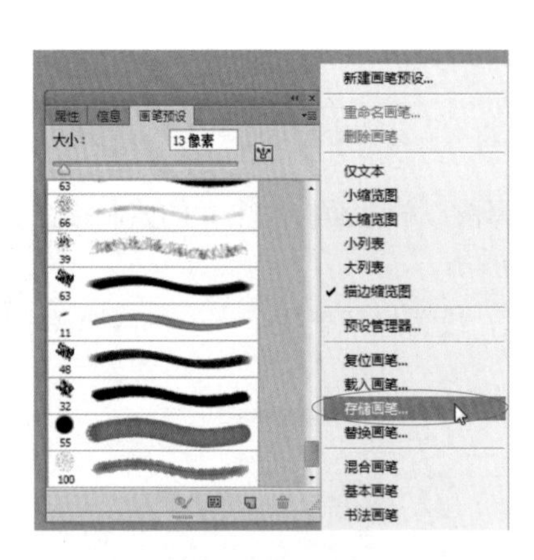

图6–15 选择“存储画笔”选项

图6–16 “存储”对话框

6.2.6 重命名与删除画笔

在定义或存储画笔时，都会设置画笔的名称，若用户对之前所设置的名称不满意，可以进行重命名，也可以将不需要的画笔删除。

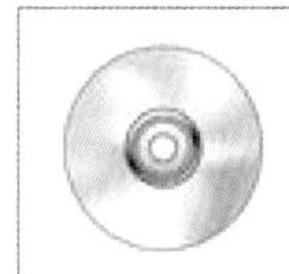	素材文件	光盘 \ 素材 \ 第 6 章 \ 画笔 .abr
	效果文件	无
	视频文件	光盘 \ 视频 \ 第 6 章 \6.2.6　重命名与删除画笔 .mp4

步骤 01 选取画笔工具，展开“画笔预设”面板，选择 134 画笔，右击，在弹出的快捷菜单中选择“重命名画笔”选项，如图 6–17 所示。

步骤 02 执行上述操作后，弹出“画笔名称”对话框，设置“名称”为“小草”，如图 6–18 所示。

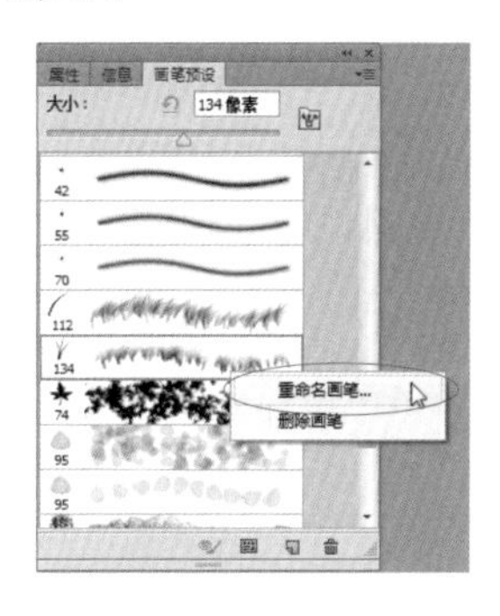

图6–17　选择“重命名画笔”选项

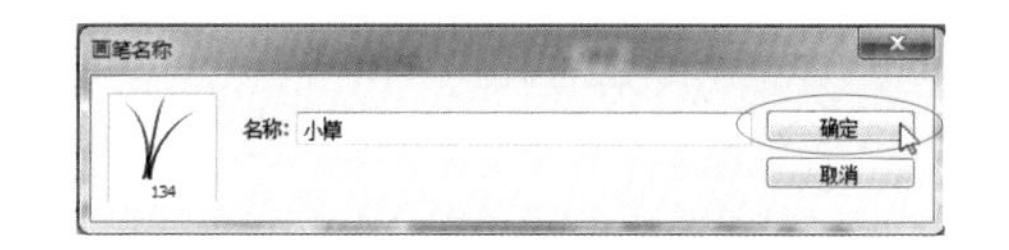

图6–18　“画笔名称”对话框

步骤 03 单击“确定”按钮，即可重命名画笔，在重命名后的“小草”画笔上右击，在弹出的快捷菜单中选择“删除画笔”选项，弹出信息提示框，如图 6–19 所示。

步骤 04 单击“确定”按钮，即可删除所选择的小草画笔，如图 6–20 所示。

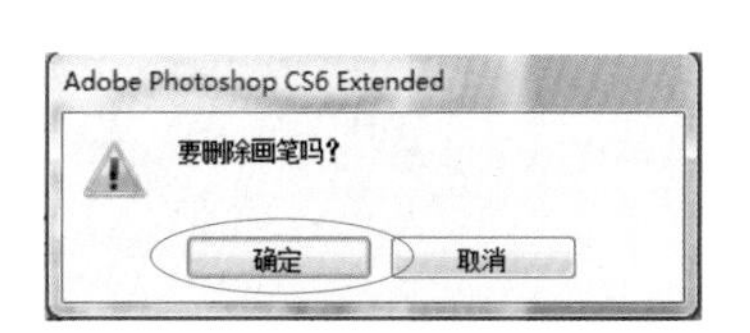

图6–19　弹出信息提示框

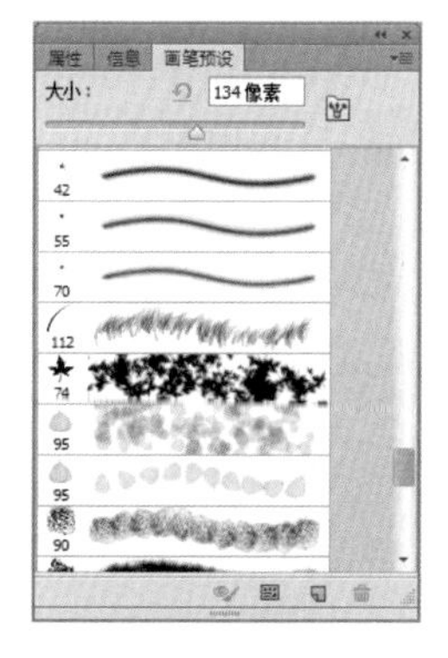

图6–20　删除“小草”画笔

6.3　应用画笔特效美化图像

在 Photoshop　CS6 中，画笔笔尖形状由许多单独的画笔笔迹组成，用户可以通过编辑其相应选项来设置画笔笔尖形状，从而利用画笔特效美化图像。

6.3.1　应用形状动态效果

“形状动态”决定了描边中画笔的笔迹如何变化，它可以使画笔的大小、圆度等产生随机变化效果。

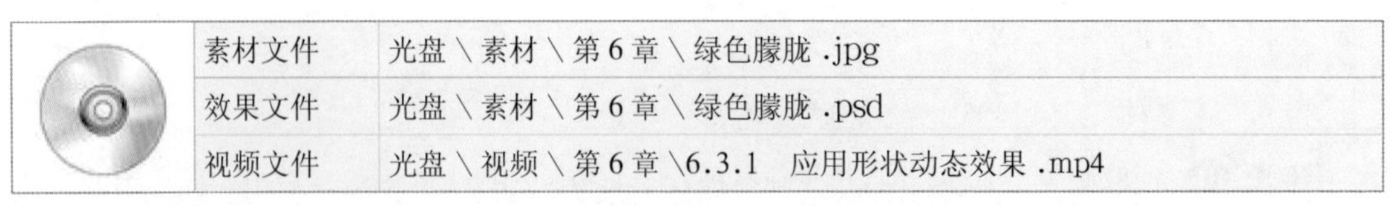

	素材文件	光盘 \ 素材 \ 第 6 章 \ 绿色朦胧 .jpg
	效果文件	光盘 \ 素材 \ 第 6 章 \ 绿色朦胧 .psd
	视频文件	光盘 \ 视频 \ 第 6 章 \6.3.1　应用形状动态效果 .mp4

步骤 01 单击“文件”|“打开”命令，打开随书附带光盘的“素材 \ 第 6 章 \ 绿色朦胧 .jpg”素材图像，如图 6–21 所示。

步骤 02 选取画笔工具，展开“画笔”面板，设置其中各选项，如图 6–22 所示。

图6–21　素材图像

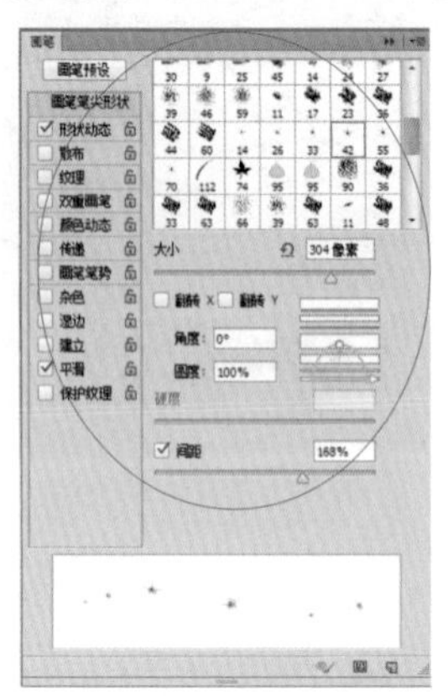

图6–22　“画笔”面板

步骤 03 选中“形状动态”复选框，切换至“形状动态”参数选项区，设置其中各选项，如图 6–23 所示。

步骤 04 设置前景色为白色，在图像编辑窗口中绘制图像，效果如图 6–24 所示。

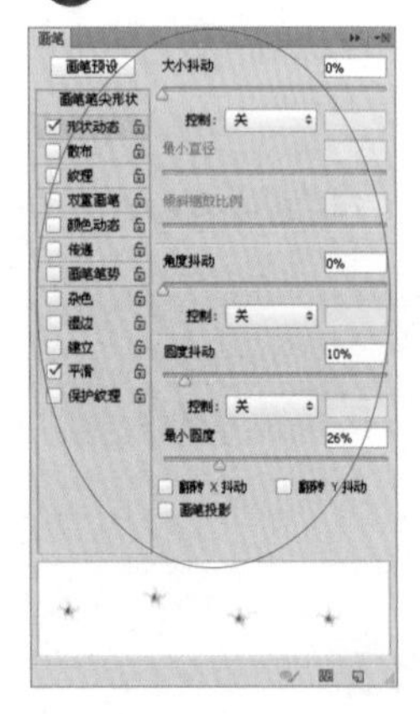

图6–23　“形状动态”参数选项区

图6–24　绘制图像

6.3.2　应用散布效果

“散布”决定了描边中笔迹的数目和位置，是笔迹沿绘制的线条扩散。图 6–25 所示为素材图像，在 Photoshop　CS6 选取画笔工具，展开“画笔”面板，设置其中各选项，如图 6–26 所示。

图6–25　素材图像

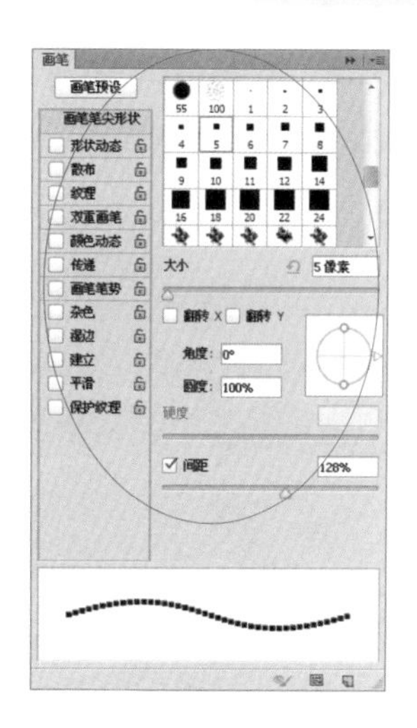

图6–26　“画笔”面板

选中“散布”复选框，切换至“散布”参数选项区，设置其中各选项，如图 6–27 所示。设置前景色为淡绿色，在图像编辑窗口中绘制图像，效果如图 6–28 所示。

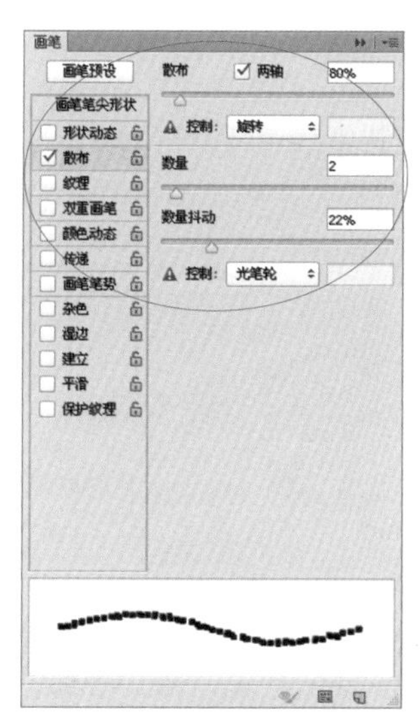

图6–27　“散布”参数选项区

图6–28　绘制图像

6.3.3　应用纹理效果

如果要使用画笔绘制出的线条像是在带纹理的画布上绘制的一样，可以选中“画笔”面板左侧的“纹理”复选框，选择一种图案，将其添加到描边中，以模拟画布效果。

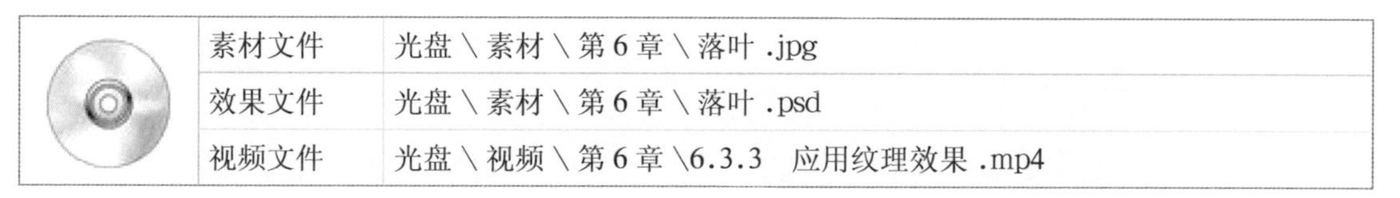

	素材文件	光盘 \ 素材 \ 第 6 章 \ 落叶 .jpg
	效果文件	光盘 \ 素材 \ 第 6 章 \ 落叶 .psd
	视频文件	光盘 \ 视频 \ 第 6 章 \6.3.3　应用纹理效果 .mp4

步骤 01 单击“文件”|“打开”命令，打开随书附带光盘的“素材 \ 第 6 章 \ 落叶 .jpg”

素材图像，如图 6–29 所示。

步骤 02 选取画笔工具，展开“画笔”面板，设置其中各选项，如图 6–30 所示。

图6–29　素材图像

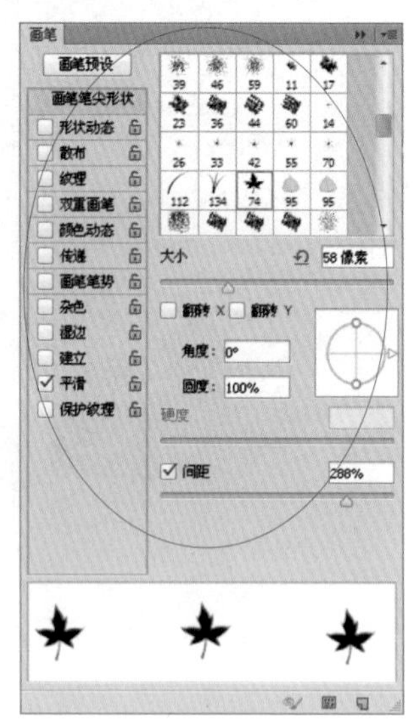

图6–30　“画笔”面板

步骤 03 选中“纹理”复选框，切换至“纹理”参数选项区，设置其中各选项，如图 6–31 所示。

步骤 04 设置前景色为红色（RGB 参数值分别为 202、82、47），在图像编辑窗口中绘制图像，效果如图 6–32 所示。

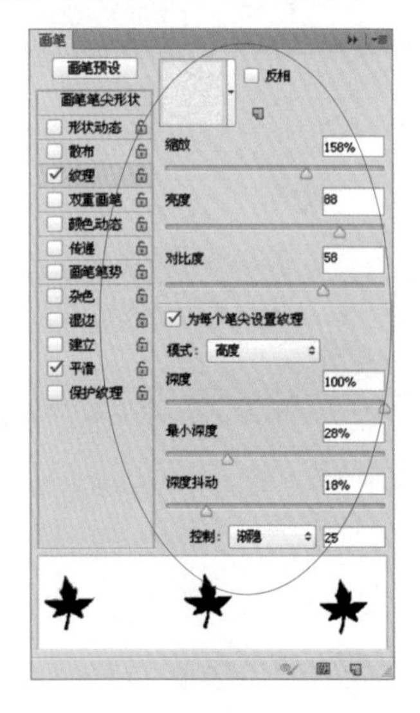

图6–31　“纹理”参数选项区

图6–32　绘制图像

6.3.4　应用双重画笔效果

“双重画笔”是指描绘的线条中呈现出两种画笔效果。要使用双重画笔，首先要在“画笔笔尖形状”选项中设置主笔尖，然后再从“双重画笔”部分中选择另一个笔尖。

图 6−33 所示为素材图像，选取画笔工具，展开“画笔”面板，设置其中各选项，如图 6−34 所示。

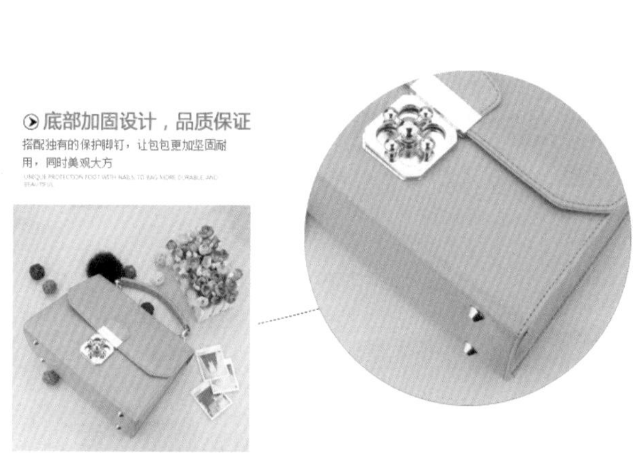

图6−33　素材图像　　　　图6−34　“画笔”面板

选中“双重画笔”复选框，切换至“双重画笔”参数选项区，设置其中各选项，如图 6−35 所示。设置前景色为黄色（RGB 参数值分别为 248、252、135），在图像编辑窗口中绘制图像，效果如图 6−36 所示。

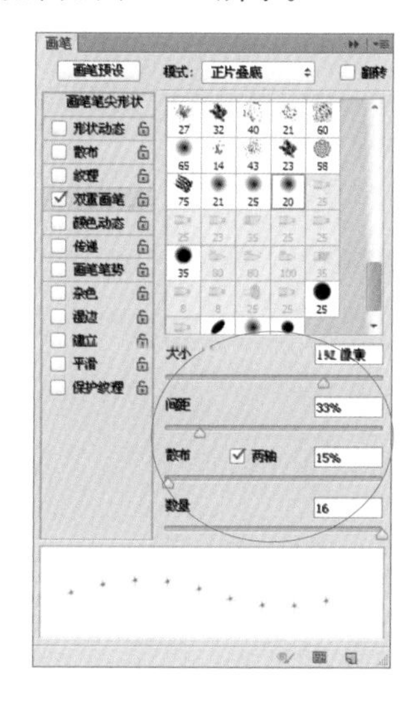

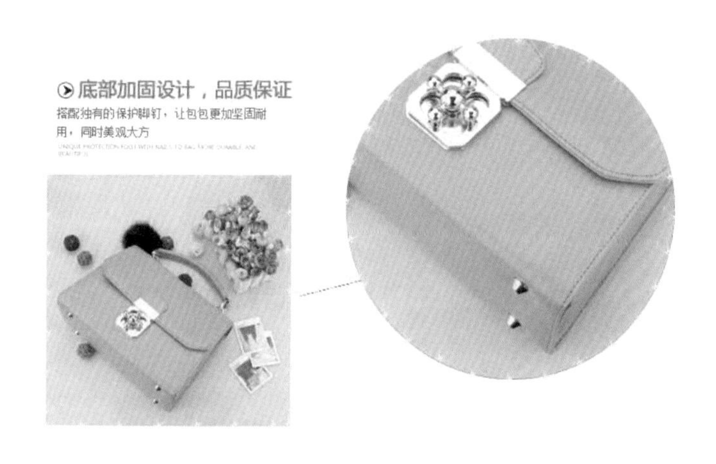

图6−35　“双重画笔”参数选项区　　　　图6−36　绘制图像

6.4　综合案例——制作春意盎然效果

以制作春意盎然效果为例，进一步学习如何应用画笔的“颜色动态”特效美化图像。

6.4.1 设置画笔基本参数

在 Photoshop CS6 中，使用画笔工具能够绘制边缘柔和的线条或图像。

	素材文件	光盘 \ 素材 \ 第 6 章 \ 春季 .jpg
	效果文件	无
	视频文件	光盘 \ 视频 \ 第 6 章 \6.4.1　设置画笔基本参数 .mp4

步骤 01 单击“文件”|“打开”命令，打开随书附带光盘的“素材 \ 第 6 章 \ 春季 .jpg”素材图像，如图 6–37 所示。

步骤 02 选取画笔工具，展开“画笔”面板，设置其中各选项，如图 6–38 所示。

图6–37　素材图像

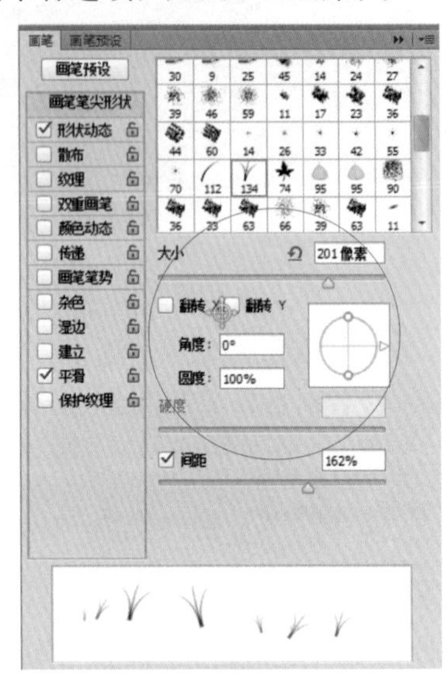

图6–38　“画笔”面板

6.4.2 设置画笔特效参数

在 Photoshop CS6 中，“画笔”面板中的“颜色动态”参数选项区用于设置在绘画过程中画笔的变化情况。

	素材文件	上一例效果文件
	效果文件	无
	视频文件	光盘 \ 视频 \ 第 6 章 \6.4.2　设置画笔特效参数 .mp4

步骤 01 选中“画笔”面板左侧的“颜色动态”复选框，切换至“颜色动态”参数选项区，设置其中各选项，如图 6–39 所示。

步骤 02 选中“画笔”面板左侧的“散布”复选框，切换至“散布”参数选项区，设置其中各选项，如图 6–40 所示。

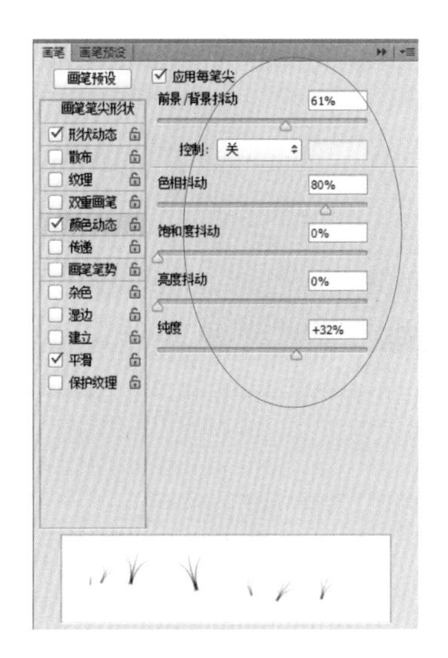

图6–39　“颜色动态”参数选项区

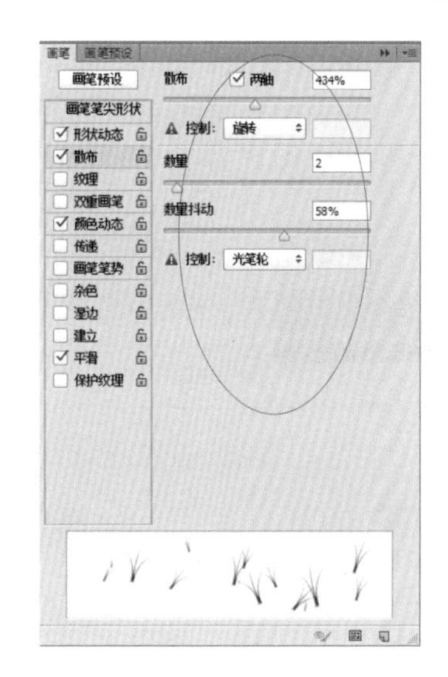

图6–40　“散布”参数选项区

提示

“颜色动态”参数选项区中各选项的含义如下：

- 前景/背景抖动：用于控制画笔笔触颜色的变化情况。若数值越大，则笔触颜色越趋向于背景色；若数值越小，则笔触颜色越趋向于前景色。
- 色相抖动：用于控制画笔色相的随机效果，若数值越大，则笔触颜色越趋向于背景色；若数值越小，则笔触颜色越趋向于前景色。
- 饱和度抖动：用于设置画笔绘图时笔触饱和度的动态变化范围。
- 亮度抖动：用于设置画笔绘图时笔触亮度的动态变化范围。
- 纯度：用于控制画笔笔触颜色的纯度。

6.4.3　绘制特效画笔效果

在 Photoshop CS6 中，“画笔”面板中的“颜色动态”参数选项区用于设置在绘画过程中画笔的变化情况。

	素材文件	光盘 \ 素材 \ 第 6 章 \ 春荷 .jpg
	效果文件	光盘 \ 效果 \ 第 6 章 \ 春荷 .jpg
	视频文件	光盘 \ 视频 \ 第 6 章 \6.4.1　绘制特效画笔效果 .mp4

步骤 01　单击前景色色块，弹出“拾色器（前景色）”对话框，设置颜色为绿色（RGB 参数值分别为 81、244、16），如图 6–41 所示。

步骤 02　单击背景色色块，设置背景色为黄色（RGB 参数值分别为 246、249、21），如图 6–42 所示。

步骤 03　移动鼠标指针至图像编辑窗口中的合适位置处，拖动，绘制图像，效果如图 6–43 所示。

步骤 04　用以上同样的方法，绘制其他图像，效果如图 6–44 所示。

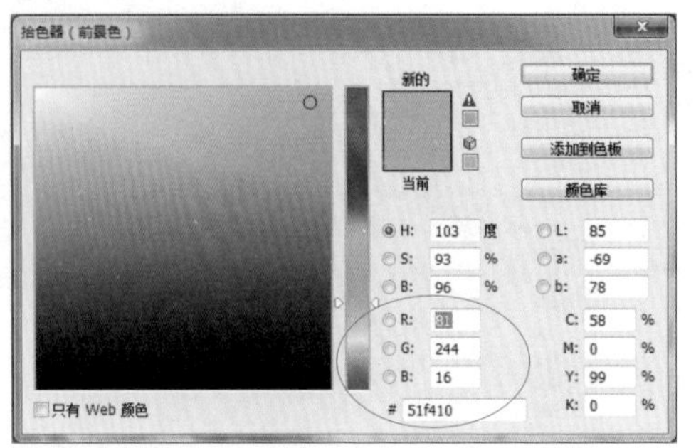

图6-41 “拾色器（前景色）”对话框

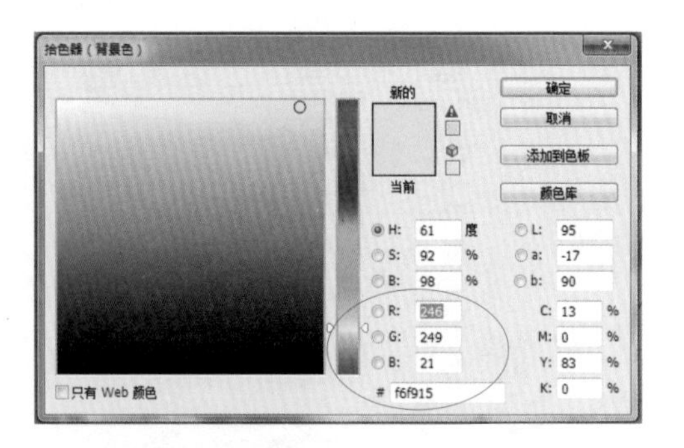

图6-42 绘制图像后的效果图

图6-43 拖动

图6-44 绘制图像后的效果图

本 章 小 结

本章主要学习软件中各种绘图工具的使用方法，先从理论基础部分学习了绘图工具和功能，以及定义与管理画笔对象的方法。后通过实例的详解对应用画笔特效来美化图片的操作方法进行逐步分析，如应用形状动态效果、应用散布效果等，让用户可以更加清楚并掌握各个绘图工具的运用。

课 后 习 题

鉴于本章知识的重要性，为帮助用户更好地掌握所学知识，通过课后习题对本章内容进行简单的知识回顾。

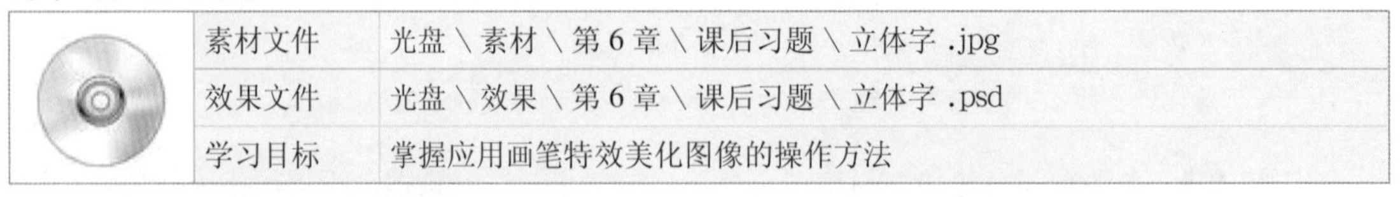

	素材文件	光盘 \ 素材 \ 第 6 章 \ 课后习题 \ 立体字 .jpg
	效果文件	光盘 \ 效果 \ 第 6 章 \ 课后习题 \ 立体字 .psd
	学习目标	掌握应用画笔特效美化图像的操作方法

本习题需要美化素材，素材如图 6-45 所示，最终效果如图 6-46 所示。

图6-45 素材图像

图6-46 效果图

创建与管理图层对象

本章引言

在编辑图像时，图层是绘制和处理图像的基础，每幅设计作品都离不开各个图层的应用与管理。可以创建图层的不透明度、混合模式，以及图层样式等，对不同的图层进行不同的操作，可以制作出丰富多彩的图像效果。本章将讲解图层基本类型、图层编辑技巧、图层混合模式、图层样式的操作方法。

本章主要内容

- 7.1　了解图层基本类型
- 7.2　掌握图层编辑技巧
- 7.3　掌握图层混合模式
- 7.4　应用与管理图层样式
- 7.5　综合案例——制作咖啡豆明信片效果

7.1　了解图层基本类型

在Photoshop　CS6中，图层类型主要有背景图层、普通图层、文字图层、形状图层、填充图层等。

7.1.1　背景图层

当用户在Photoshop　CS6中打开一幅素材图像时，“图层”面板中会自动默认图像的图层为背景图层，且呈不可编辑状态，如图7–1所示。

图7–1　背景图层

7.1.2　普通图层

普通图层是Photoshop　CS6中最基本的图层，在创建和编辑图像时，创建的图层都是普通图层，在普通图层上可以设置图层混合模式、调节不透明度和填充，从而改变图层的显示效果。单击“图层”面板底部的“创建新图层”按钮，即可创建普通图层，如图7–2所示。

图7–2　创建普通图层

提示

创建图层的方法一共有7种，分别如下：

- 命令：单击“图层”|“新建”|“图层”命令，弹出“新建图层”对话框，单击“确定”按钮，即可创建新图层。

提示

- 面板菜单：单击“图层”面板右上角的下拉按钮，在弹出的快捷菜单中选择“新建图层”选项。
- 快捷键＋按钮1：按住【Alt】键的同时，单击“图层”面板底部的“创建新图层”按钮。
- 快捷键＋按钮2：按住【Ctrl】键的同时，单击“图层”面板底部的“创建新图层”按钮，可在当前图层中的下方新建一个图层。
- 快捷键1：按【Shift＋Ctrl＋N】组合键，即可创建新图层。
- 快捷键2：按【Alt＋Shift＋Ctrl＋N】组合键，可以在当前图层对象的上方添加一个图层。
- 按钮：单击“图层”面板底部的“创建新图层”按钮，即可在当前图层上方创建一个新的图层。

7.1.3 文本图层

在Photoshop CS6中，用户使用文字工具，在图像编辑窗口中确认插入点，系统将会自动生成一个新的文字图层，如图7-3所示。

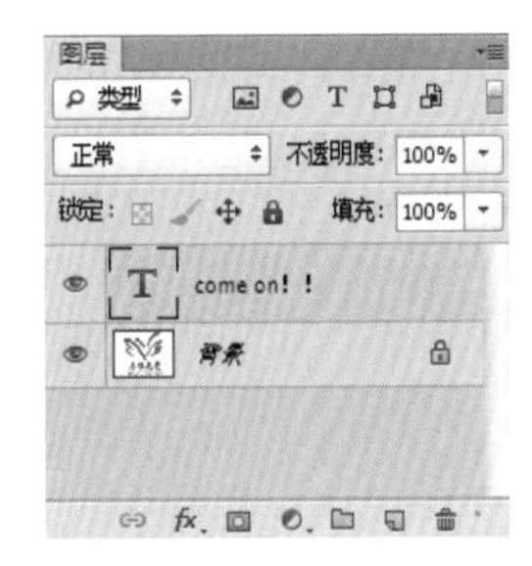

图7-3 文字图层

7.1.4 形状图层

在Photoshop CS6中，选取工具箱中的形状工具，在图像编辑窗口中创建图像后，“图层”面板中会自动创建一个新的形状图层，如图7-4所示。

图7-4 创建形状图层

7.1.5 调整、填充和蒙版图层

在 Photoshop CS6 中，调整图层是指在原有的图层上新建一个图层，并对该图层进行颜色的填充或色调的调整，这样既不影响原图像的像素，也会使画面效果更加美观。图 7–5 所示为调整图层前后的对比效果。

图7–5 调整图层前后的对比效果

填充图层指的是在原图层上新建填充相应颜色的图层。用户可以根据需要为图层填充纯色、渐变色或图案，再通过调整填充图层的混合模式和不透明度，使其与原图层进行叠加，以创建更加丰富的效果，图 7–6 所示为应用填充图层前后的对比效果。

图7–6 应用填充图层前后的对比效果

应用图层蒙版可将部分图像进行隐藏，或者保护某些图像区域不被破坏，在许多创意设计作品中，蒙版是较为常见的操作。创建蒙版图层有以下两种方法：

- 按钮：单击“图层”面板底部的“添加图层蒙版”按钮。
- 命令：单击“图层”|“图层蒙版”命令，在弹出的子菜单中选择相应的选项，即可在“图层”面板中添加蒙版。

7.2 掌握图层编辑技巧

在 Photoshop CS6 中，编辑图层主要包括新建图层、选择图层、调整图层、合并图层、显示和隐藏图层等操作。灵活运用图层的相关操作，可以帮助用户制作层次分明、结构清晰的图像效果。

7.2.1 新建图层

新建图层是编辑图层的基础，每绘制一幅图像则会创建一个新图层，使用户对图像的每一

个层次做到心中有数，这样，也可以让用户快速、方便地选择需要的图层。

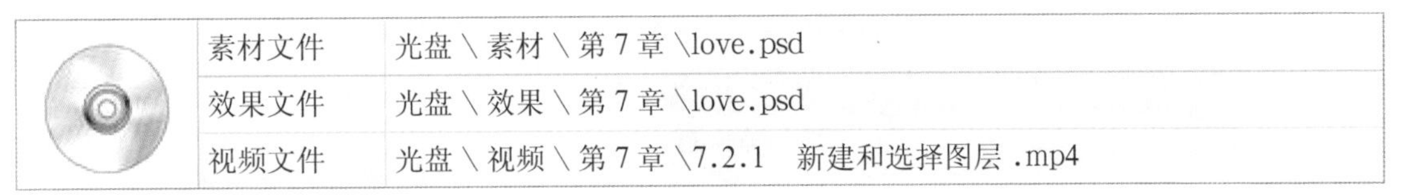

	素材文件	光盘 \ 素材 \ 第 7 章 \love.psd
	效果文件	光盘 \ 效果 \ 第 7 章 \love.psd
	视频文件	光盘 \ 视频 \ 第 7 章 \7.2.1　新建和选择图层 .mp4

步骤 01 单击“文件”|“打开”命令，打开随书附带光盘的“素材 \ 第 7 章 \love.psd”素材图像，如图 7-7 所示。

步骤 02 单击“图层”面板右上角的控制按钮，在弹出的菜单中选择“新建图层”选项，弹出“新建图层”对话框，设置“名称”为“图层 1”，如图 7-8 所示。

图7-7　素材图像

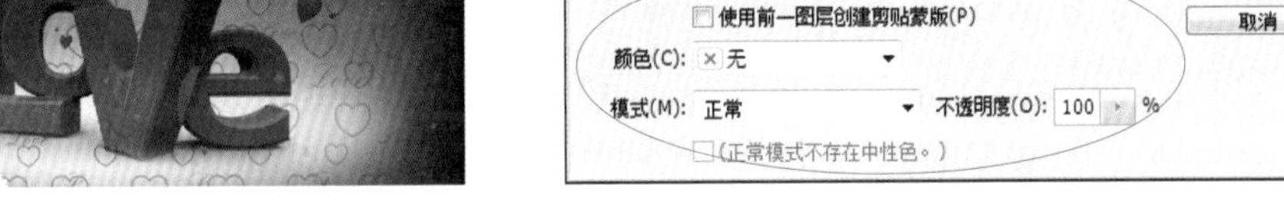

图7-8　设置新建参数

步骤 03 单击“确定”按钮，即可在“图层”面板中新建名称为“图层 1”的图层，如图 7-9 所示。

步骤 04 选中“图层 1”图层，设置前景色为黄色（RGB 的参数值为 255、237、0），按【Alt + Delete】组合键，为“图层 1”图层填充前景色，再设置“图层 1”图层的混合模式为“正片叠底”、“不透明度”为 70%，如图 7-10 所示。

图7-9　新建图层

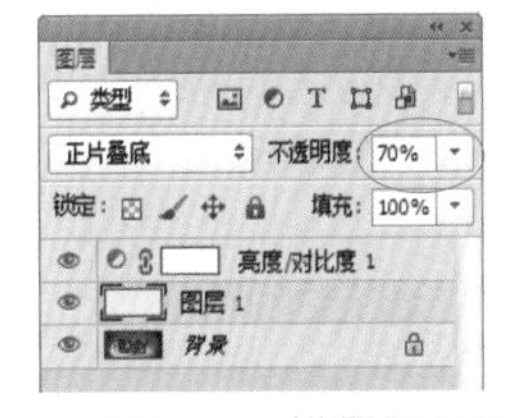

图7-10　设置图层选项

步骤 05 执行操作后，图像编辑窗口中的图像效果也随之改变，如图 7-11 所示。

图7-11　图像效果

7.2.2　调整图层顺序

在 Photoshop 的图像文件中，位于上方的图像会将下方的图像遮掩，此时，用户可以通过调整各图像图层的顺序，改变整幅图像的显示效果。图 7–12 所示为素材图像，在“图层”面板中选择“图层 1”，向上拖动图层，如图 7–13 所示。

图7–12　素材图像

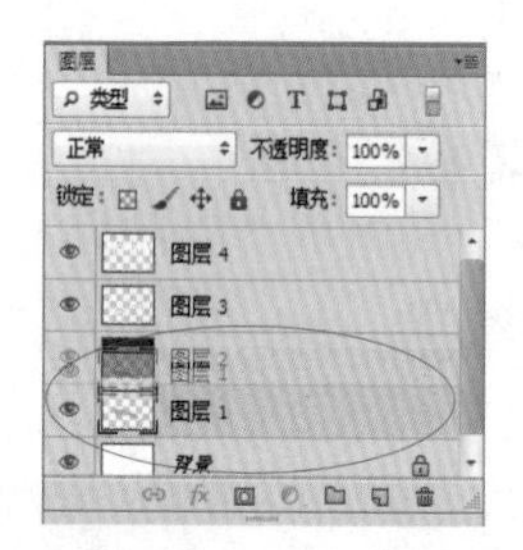

图7–13　拖动图层

将“图层 1”拖动至“图层 2”的上方时，释放鼠标，即可调整图层的顺序，如图 7–14 所示，调整图层顺序后，图像编辑窗口中的效果也随之改变，如图 7–15 所示。

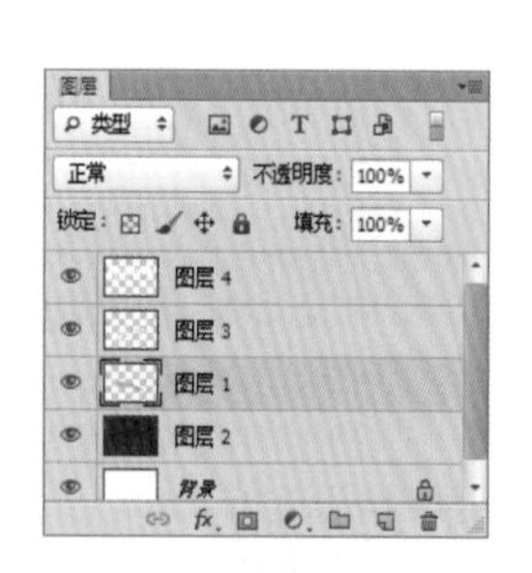

图7–14　调整图层顺序

图7–15　图像效果

7.2.3　合并多个图层

图层越多图像文件就越复杂，用户可以将不必分开或相似的图层进行合并，这样不仅可以使图层井然有序，还可以缩小文件大小。图 7–16 所示为素材图像，展开“图层”面板，选择“图层 2”“图层 2 副本”“图层 2 副本 2”图层，单击“图层”|“合并图层”命令也可以按【Ctrl+E】组合键，即可合并所选择的图层，得到“图层 2 副本 2”图层，如图 7–17 所示。

图7–16　素材图像

图7–17　“图层”面板

7.2.4　显示和隐藏图层

在图像较为复杂的情况下，可以根据需要显示或隐藏图层，使用户不会混淆各图像，利用“图层”面板中的“指示图层可见性”图标，可以对所选图层进行显示和隐藏的切换。

图 7–18 所示为素材图像，在“图层”面板中选中需要隐藏的图层，将鼠标指针移至图层左侧的“指示图层可见性”图标上，如图 7–19 所示。

图7–18　素材图像

图7–19　“指示图层可见性”图标

单击，“指示图层可见性”图标呈隐藏状态，如图 7–20 所示，执行操作后，即可隐藏该图层中的图像，如图 7–21 所示，在隐藏的“指示图层可见性”图标上，再次单击，即可显示该图层。

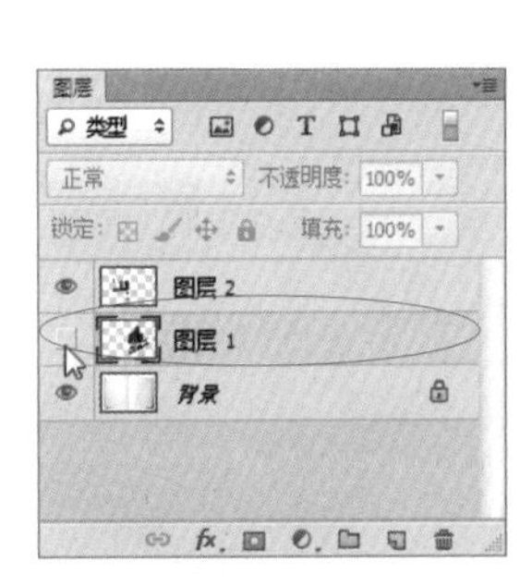

图7–20　隐藏“指示图层可见性”图标

图7–21　隐藏图层

7.3　掌握图层混合模式

图层混合模式用于控制图层之间像素颜色相互融合的效果，不同的混合模式会得到不同的效果。由于混合模式用于控制上下两个图层在叠加时所显示的总体效果，通常在上方图层的混合模式下拉列表框中选择合适的混合模式。

7.3.1　掌握“滤色”与“叠加”模式

“滤色”混合模式可以将所选择的图形与其下方的图形进行层叠，从而使层叠区域变亮，同时会对混合图形的色调进行均匀处理。“叠加”混合模式可以使所选择图形的亮部颜色变得更亮，而暗部颜色则暗淡。

	素材文件	光盘\素材\第7章\白加黑.psd
	效果文件	光盘\效果\第7章\白加黑.psd
	视频文件	光盘\视频\第7章\7.3.1 掌握“滤色”与“叠加”模式.mp4

步骤 01 单击“文件”|“打开”命令，打开随书附带光盘的“素材\第7章\白加黑”素材图像，按住【Ctrl】键的同时，在“色阶2”的缩览图上单击，调出选区；新建“图层2”，设置前景色为玫红色（RGB的参数值为222、45、199），按【Alt + Delete】组合键，填充前景色，设置混合模式为“滤色”、“不透明度”为48%，按【Ctrl + D】组合键取消选区，效果如图7–22所示。

步骤 02 设置混合模式为“叠加”，效果如图7–23所示。

图7–22 “滤色”混合模式

图7–23 “叠加”混合模式

7.3.2 掌握“减去”与“划分”混合模式

“减去”混合模式可将所选择的图像与下方的图像进行颜色的重叠，使下方的图像颜色偏暗，且明度降低；“划分”混合模式可将所选择的图像与下方的图像进行颜色的重叠，使下方的图像颜色偏亮，且明度提高。

图7–24 素材图像

图7–24所示为素材图像，使用磁性套索工具沿字母内部创建选区；新建“图层1”，设置前景色为红色（RGB的参数值为230、25、25），单击“确定”按钮，按【Alt + Delete】组合键，填充前景色，设置混合模式为“减去”、“不透明度”为70%，效果如图7–25所示。

设置混合模式为“划分”，单击“确定”按钮，按【Ctrl + D】组合键，取消选区，效果如图7–26所示。

图7–25 “减去”混合模

图7–26 “划分”混合模式

7.3.3　掌握“正片叠底”与“柔光”模式

使用“正片叠底”混合模式可以使所选择的图形颜色比原图形颜色暗；“柔光”混合模式可以将所选择图形中的颜色色调很清晰地显示在其下方图形的颜色色调中，若选择的图形颜色超过了 50% 的灰色，则下方的图形颜色变暗，若低于 50% 的灰色，则可以使下方的图形颜色变亮。

	素材文件	光盘 \ 素材 \ 第 7 章 \ 画 .psd
	效果文件	光盘 \ 效果 \ 第 7 章 \ 画 .psd
	视频文件	光盘 \ 视频 \ 第 7 章 \7.3.3　掌握“正片叠底”与“柔光”模式 .mp4

步骤 01 单击“文件”|“打开”命令，打开随书附带光盘的“素材 \ 第 7 章 \ 画 .psd”素材图像，如图 7–27 所示。

步骤 02 在“图层”面板中，选择“图层 1”图层，单击“正常”右侧的下拉按钮，在弹出的列表框中，选择“正片叠底”选项，如图 7–28 所示。

步骤 03 执行操作后，图像呈“正片叠底”模式显示，效果如图 7–29 所示。

图7–27　素材图像

图7–28　选择“正片叠底”选项

步骤 04 双击“图层 1”图层，设置混合模式为“柔光”、“不透明度”为 87%，单击“确定”按钮，按【Ctrl + D】组合键取消选区，效果如图 7–30 所示。

图7–29　图像呈“正片叠底”模式显示

图7–30　最终效果

7.3.4 掌握“颜色加深”与“颜色减淡”模式

图7–31 素材图像

在设置混合模式的操作过程中，“颜色加深”混合模式可以降低颜色的亮度，而“颜色减淡”混合模式可以提高颜色的亮度。“颜色加深”混合模式可以将所选择的图形根据图形的颜色灰度而变暗，在与其他图形相融合时，降低所选图形的亮度；“颜色减淡”混合模式可以将所选图形与其下方的图形进行颜色混合，从而增加色彩饱和度，使图形的整体颜色色调变亮。

图 7–31 所示为素材图像，使用磁性套索工具沿绿叶外部创建选区；新建“图层 1”，设置前景色为绿色（RGB 的参数值为 89、223、23），按【Alt + Delete】组合键，填充前景色，双击“图层 1”图层，设置混合模式为“颜色加深”、“不透明度”为 50%，单击“确定”按钮，效果如图 7–32 所示。

按【Ctrl + D】组合键取消选区，设置混合模式为“颜色减淡”、“不透明度”为 50%，效果如图 7–33 所示。

图7–32 “颜色加深”混合模式

图7–33 “颜色减淡”混合模式

7.3.5 掌握“饱和度”与“颜色”模式

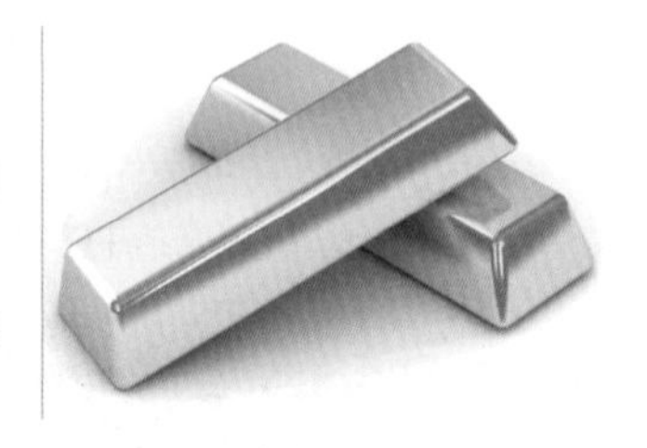
图7–34 素材图像

“饱和度”模式最终图像的像素值由下方图层的亮度、色相值，以及上方图层的饱和度值构成。“颜色”模式最终图像的像素值由下方图层的亮度，以及上方图层的色相和饱和度值构成。

图 7–34 所示为素材图像，新建“图层 1”，设置前景色为黄色（RGB 的参数值为 255、204、0），按【Alt + Delete】组合键，为“图层 1”填充前景色，设置混合模式为“饱和度”，效果如图 7–35 所示。

设置混合模式为“颜色”，效果如图 7–36 所示。

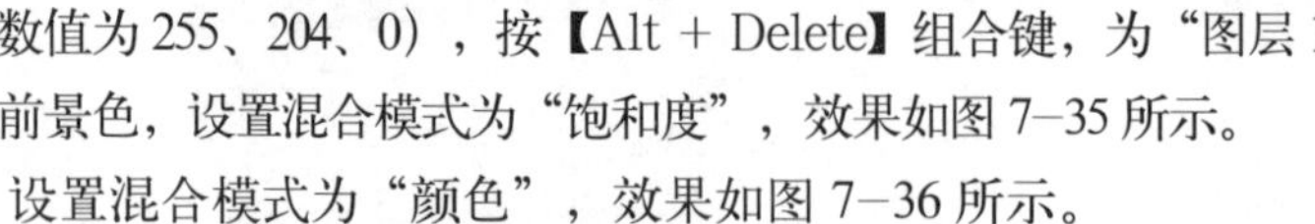

图7–35 “饱和度”混合模式

图7–36 “颜色”混合模式

7.4 应用与管理图层样式

正确的对图层样式进行操作，可以使用户在工作中更方便的查看和管理图层样式。

7.4.1 删除图层样式

在“图层”面板中每个图层都有默认的名称，用户可以根据需要，自定义图层的名称，对于多余的图层，应该及时将其从图像中删除，以减小图像文件的大小。

将“图层 1”的“指示图层效果”图标拖动至“删除图层”按钮上，如图 7–37 所示，释放鼠标后，即可删除“投影”图层样式，如图 7–38 所示。

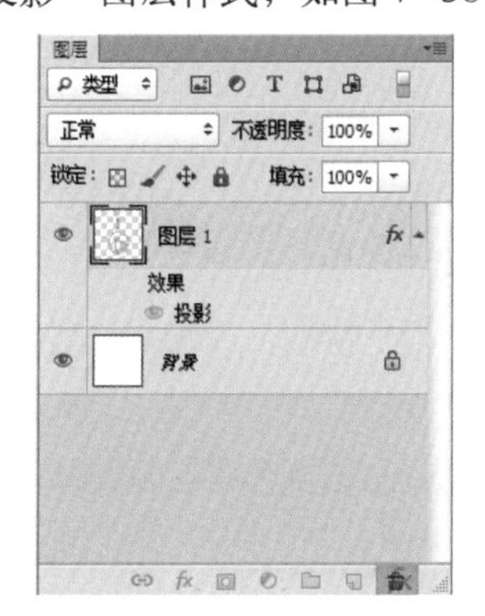

图7–37 拖动“指示图层效果”图标

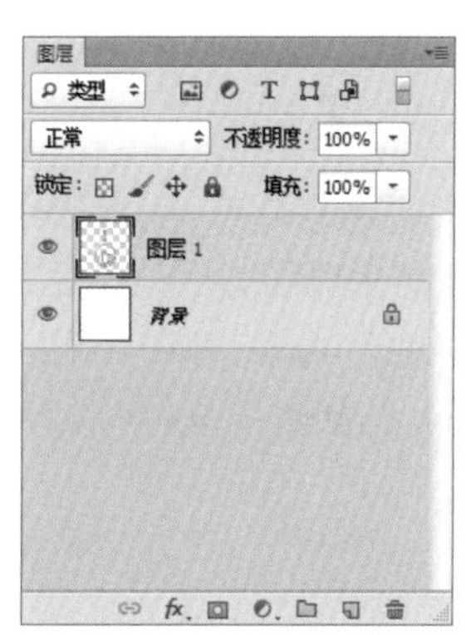

图7–38 清除图层样式

7.4.2 复制与粘贴图层样式

通过复制与粘贴图层样式操作，可以减少重复操作。在操作时，首先选择包含要复制的图层样式的源图层，在该图层的图层名称上右击，在弹出的快捷菜单中选择“拷贝图层样式”选项。

选择要粘贴图层样式的目标图层，它可以是单个图层也可以是多个图层，在图层名称上右击，在弹出的菜单中选择“粘贴图层样式”选项即可。

7.4.3 缩放图层样式

在 Photoshop CS6 中，使用“缩放效果”命令可以缩放图层样式中所有的效果，但对图像没有影响。

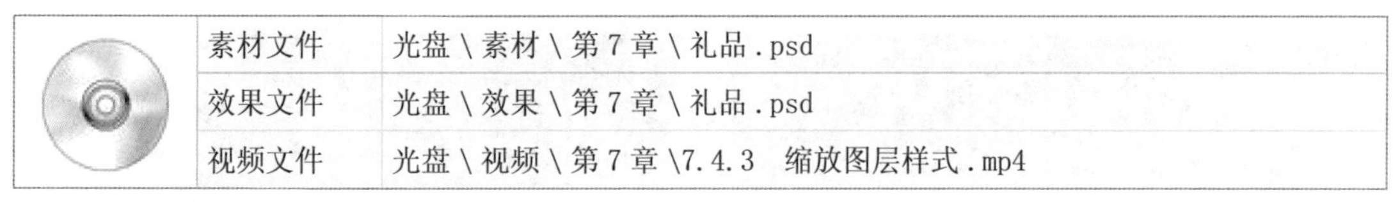

	素材文件	光盘 \ 素材 \ 第 7 章 \ 礼品 . psd
	效果文件	光盘 \ 效果 \ 第 7 章 \ 礼品 . psd
	视频文件	光盘 \ 视频 \ 第 7 章 \7. 4. 3 缩放图层样式 . mp4

步骤 01 单击“文件”|“打开”命令，打开随书附带光盘的“素材 \ 第 7 章 \ 礼品 .psd”素材图像，如图 7–39 所示。

步骤 02 选择“图层 1”图层，单击“图层”|“图层样式”|“缩放效果”命令，弹出“缩放图层效果”对话框，设置“缩放”为 50%，如图 7–40 所示。

步骤 03 单击“确定”按钮，即可缩放图层样式，效果如图 7–41 所示。

图7-39　素材图像

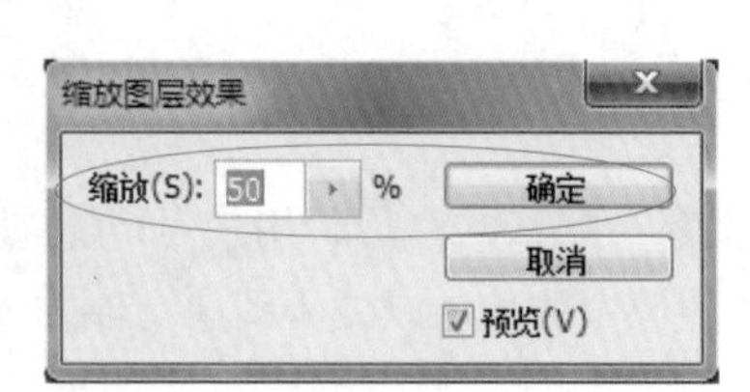

图7-40　设置“缩放”为50%

图7-41　最终效果

7.4.4　内阴影和投影效果

应用“投影”图层样式可以模拟由光源照射并生成的阴影；应用“内阴影”图层样式可以使图层中的图像产生凹陷的感觉。图 7-42 所示为素材图像，选中“图层 2”，单击“图层”|“图层样式”|“内阴影”命令，弹出“图层样式”对话框，设置“颜色”为葡萄红（RGB 的参数值为 140、35、75），如图 7-43 所示。

图7-42　素材图像

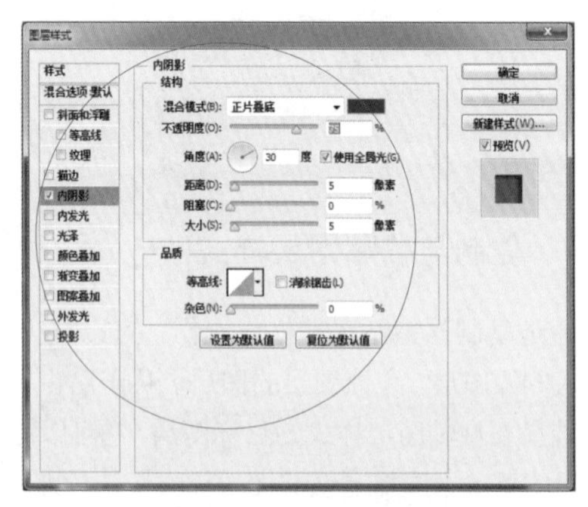

图7-43　设置内阴影参数

单击“确定”按钮，即可为图像添加“内阴影”图层样式，如图 7-44 所示，用与上面同样的方法，选中“图层 2”，单击“图层”|“图层样式”|“投影”命令，保持默认设置，单击“确定”按钮，即可添加投影效果，如图 7-45 所示。

图7-44　添加“内阴影”后的效果

图7-45　添加“投影”后的效果

7.4.5 斜面和浮雕效果

“斜面和浮雕”图层样式可以制作出各种凹陷和凸出的图像或文字，从而使图像具有一定的立体效果。图 7-46 所示为素材图像，在“图层 2”上双击，在弹出的“图层样式”对话框中选中“斜面和浮雕”复选框，保持默认设置，单击“确定”按钮，即可为该图层添加斜面和浮雕效果，如图 7-47 所示。

图7-46 素材图像

图7-47 添加“斜面和浮雕”后的效果

7.5 综合案例——制作咖啡豆明信片效果

以制作咖啡豆明信片效果为例，进一步学习如何应用画笔的“颜色动态”特效美化图像。

7.5.1 删除图层

在 Photoshop CS6 中，用户可以删除一些不需要用的图层。

	素材文件	光盘 \ 素材 \ 第 7 章 \ 咖啡豆 .psd
	效果文件	无
	视频文件	光盘 \ 视频 \ 第 7 章 \7.5.1 删除图层 .mp4

步骤 01 单击“文件”|“打开”命令，打开随书附带光盘的“素材 \ 第 7 章 \ 咖啡豆 .psd”素材图像，如图 7-48 所示。

步骤 02 在“图层 3”图层上右击，在弹出的菜单上选择“删除图层”选项，即会弹出对话框，单击“是”按钮，就可以删除“图层 3”图层，如图 7-49 所示。

图7-48 素材图像

图7-49 单击“是”按钮

7.5.2 添加图层图案效果

用户使用“图案叠加”图层样式可以在图层上叠加图案。

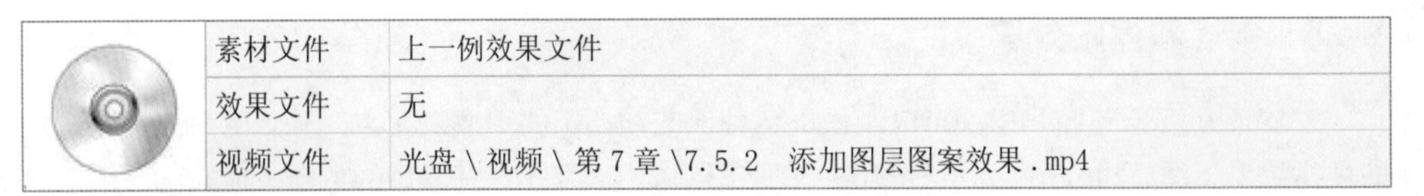

	素材文件	上一例效果文件
	效果文件	无
	视频文件	光盘\视频\第7章\7.5.2　添加图层图案效果.mp4

步骤 01 移动鼠标指针至“图层1”图层上，双击，在弹出“图层样式”对话框中选中“图案叠加”复选框，设置“图案”为“气泡”、“混合模式”为“叠加”、“不透明度”为77%、“缩放”为388%，如图7-50所示。

步骤 02 单击“确定”按钮，即可为该图层添加图案叠加效果，如图7-51所示。

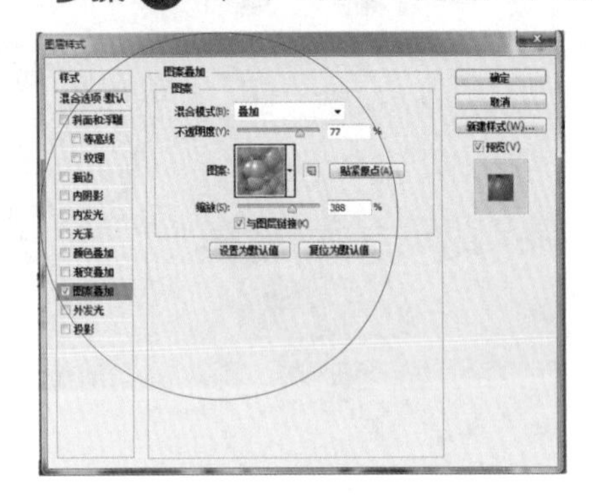

图7-50　设置“图层样式”对话框

图7-51　添加“图案叠加”后的效果图

7.5.3　添加内阴影效果

在Photoshop CS6中，添加“内阴影”效果，能给图像增加一些层次感。

	素材文件	上一例效果文件
	效果文件	光盘效果\第7章\咖啡豆明信片.psd
	视频文件	光盘\视频\第7章\7.5.3　添加内阴影效果.mp4

步骤 01 选中“图层2”图层，单击“图层”|“图层样式”|“内阴影”命令，弹出“图层样式”对话框，设置“颜色”为淡黄色（RGB的参数值为187、207、16），其他设置参数如图7-52所示。

步骤 02 单击“确定”按钮，即可为该图层添加内阴影效果，如图7-53所示。

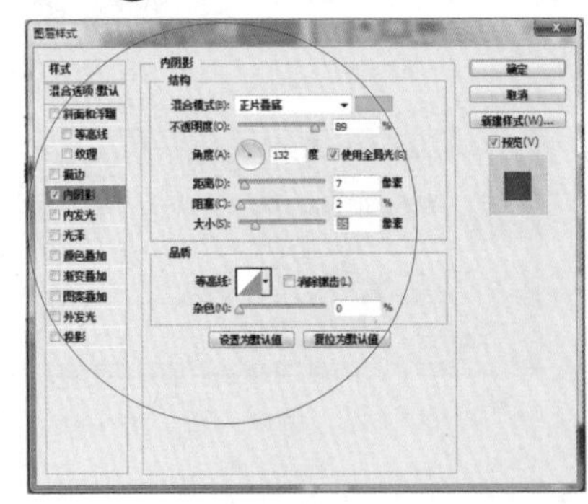

图7-52　设置“内阴影”图层样式参数

图7-53　添加内阴影后的效果

本章小结

本章主要学习图层、混合模式和图层样式的相关技巧，通过初识图层和图层类型、掌握图层编辑技巧、掌握图层混合模式、运用与管理图层样式，可以让用户在制作的过程中灵活地运用图层中的各种技巧。

课后习题

鉴于本章知识的重要性，为帮助用户更好地掌握所学知识，通过课后习题对本章内容进行简单的知识回顾。

	素材文件	光盘＼素材＼第 7 章＼课后习题＼糖果 .psd
	效果文件	光盘＼效果＼第 7 章＼课后习题＼糖果 .psd
	学习目标	掌握运用“斜面和浮雕”样式的操作方法

本习题需要让素材文字产生立体感，素材如图 7-54 所示，最终效果如图 7-55 所示。

图7-54　素材图像

图7-55　添加“斜面和浮雕”后的效果图

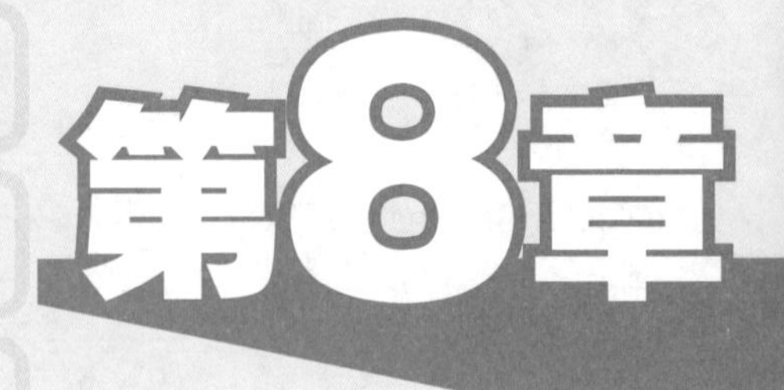

制作精美文字特效

本章引言

在各类设计中，文字是不可缺少的元素，它能直接传递设计者要表达的信息，因此对文字的设计和编排是不容忽视的。本章将讲解文字工具的使用，如输入文字、调整文字、转化文字和制作路径文字等。

本章将讲解“字符”和“段落”面板、制作不同类型的文字、调整与转换文字对象等方面的内容。

本章主要内容

- 8.1　熟悉“字符”和“段落”面板
- 8.2　制作不同类型的文字
- 8.3　调整与转换文字对象
- 8.4　制作路径文字特效
- 8.5　综合案例——制作金色牡丹效果

8.1 熟悉“字符”和“段落”面板

在“字符”面板中，可以精确地调整文字图层中的个别字符，但在输入文字之前要设置好文字属性；而“段落”面板可以用来设置整个段落选项。在默认情况下，“段落”面板与“字符”面板为组合浮动面板，只要展开了其中一个面板，另一个面板的标签也随之附带着，直接单击面板的标签即可转换至另一个面板。

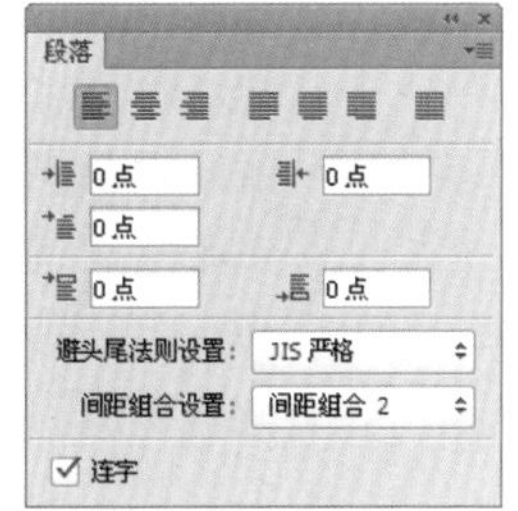

图8-1 “段落”面板

8.1.1 了解“段落”面板

使用“段落”面板可以改变或重新定义文字的排列方式、段落缩进及段落间距等。单击“窗口”|“段落”命令，弹出“段落”面板，如图 8-1 所示。

“段落”面板主要选项，分别如下：

- 对齐方式：对齐方式包括有左对齐文本、居中对齐文本、右对齐文本、最后一行左对齐、最后一行居中对齐、最后一行右对齐和全部对齐。
- 左缩进：设置段落的左缩进。
- 右缩进：设置段落的右缩进。
- 首行缩进：缩进段落中的首行文字，对于横排文字，首行缩进与左缩进有关；对于直排文字，首行缩进与顶端缩进有关，要创建首行悬挂缩进，必须输入一个负值。
- 段前添加空格：设置段落与上一行的距离，或全选文字的每一段的距离。
- 段后添加空格：设置每段文本后的一段距离。

8.1.2 了解“字符”面板

单击文字工具组对应属性栏中的“显示/隐藏字符和段落调板”按钮，或单击“窗口”|“字符”命令，弹出“字符”面板，如图 8-2 所示。

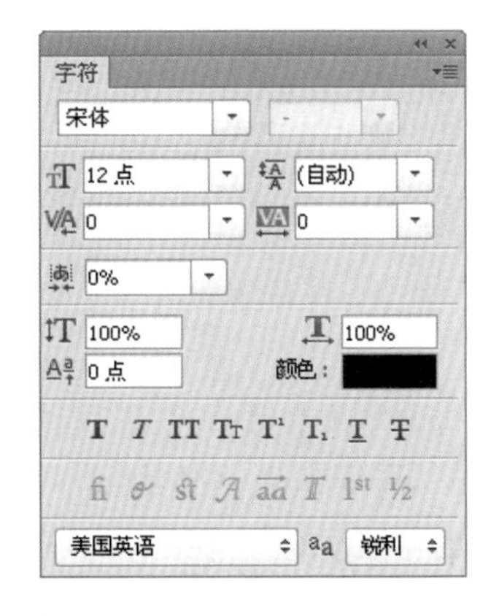

图8-2 “字符”面板

提示

“字符”面板主要选项，分别如下：

- 字体：在该选项列表框中可以选择字体。
- 字体大小：可以选择字体的大小。
- 行距：行距是指文本中各个字行之间的垂直间距，同一段落的行与行之间可以设置不同的行距，但文字行中的最大行距决定了该行的行距。
- 字距微调：用来调整两个字符之间的距离，在操作时首先要调整两个字符之间的间距，设置插入点，然后调整数值。
- 字距调整：选择部分字符时，可以调整所选字符的间距。
- 水平缩放/垂直缩放：水平缩放用于调整字符的宽度，垂直缩放用于调整字符的高度。这两个百分比相同时，可以进行等比缩放；不相同时，则可以进行不等比缩放。
- 基线偏移：用来控制文字与基线的距离，它可以升高或降低所选文字。
- 颜色：单击颜色块，可以在打开的“拾色器”对话框中设置文字的颜色。
- T状按钮：T状按钮用来创建仿粗体、斜体等文字样式，以及为字符添加或删除下画线。
- 语言：可以对所选字符进行有关联字符和拼写规则的语言设置，Photoshop使用语言词典检查连字符连接。

8.2 制作不同类型的文字

文字是多数设计作品，尤其是商业作品中不可或缺的重要元素，有时甚至在作品中起着主导作用。Photoshop 除了提供丰富的文字属性设计及版式编排功能外，还允许用户自行对文字的形状进行编辑，从而制作出更多丰富的文字效果。

8.2.1 输入横排文字

输入横排文字的方法很简单，使用工具箱中的横排文字工具或横排文字蒙版工具，即可在图像编辑窗口中输入横排文字。

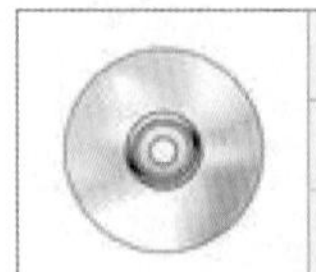

	素材文件	光盘 \ 素材 \ 第 8 章 \ 江南人家 .jpg
	效果文件	光盘 \ 效果 \ 第 8 章 \ 江南人家 .psd
	视频文件	光盘 \ 视频 \ 第 8 章 \8.2.1 输入横排文字 .mp4

步骤 01 单击“文件”|“打开”命令，打开随书附带光盘的“素材 \ 第 8 章 \ 江南人家 .jpg”素材图像，如图 8-3 所示。

步骤 02 在工具箱中选取横排文字工具，在工具属性栏中的“设置字体系列”下拉列表框中选择“方正舒体”选项，设置“字体大小”为 100 点，如图 8-4 所示。

步骤 03 拖动至图像编辑窗口的左侧，单击，确定文字的插入点，如图 8-5 所示。

步骤 04 设置前景色为黑色，输入文字“江南人家”，按【Ctrl + Enter】组合键确认操作，即可创建横排文字，选择移动工具将文字移至合适位置，效果如图 8-6 所示。

图8-3　素材图像

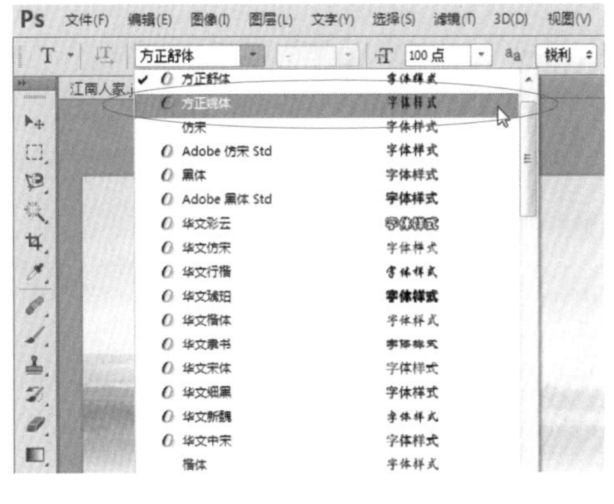

图8-4　设置横排文字工具属性栏参数

图8-5　确定文字的插入点

图8-6　创建横排文字后的图像

8.2.2　输入直排文字

直排文字是一个垂直的文本行，每行文本的长度随着文字的输入而不断增加，但是不会换行。选取工具箱中的直排文字工具或直排文字蒙版工具，将鼠标指针移动到图像编辑窗口中，单击确定插入点，图像中出现闪烁的光标之后，即可输入文字。图 8-7 所示为直排文字效果。

图8-7　直排文字效果

8.2.3 输入段落文字

段落文字是一类以段落文字定界框来确定文字的位置与换行情况的文字，当用户改变段落文字定界框时，定界框中的文字会根据定界框的位置自动换行。图 8–8 所示为段落文字效果。

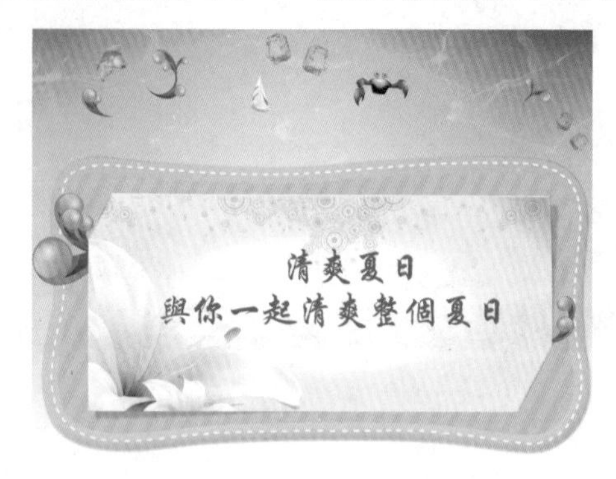

图8–8 段落文字效果

8.2.4 创建选区文字

运用工具箱中的横排文字蒙版工具和直排文字蒙版工具，可以在图像编辑窗口中创建文字形状选区。图 8–9 所示为选区文字效果。

图8–9 选区文字效果

8.2.5 输入区域文字

在一些广告上经常会看到特殊排列的文字，既新颖又达到很好的视觉效果。图 8–10 为素材图像，在“图层”面板中新建“图层 1”，选取工具箱中的椭圆工具，在图像编辑窗口中的合适位置创建一个闭合的路径，如图 8–11 所示。

图8–10 素材图像

选取工具箱中的横排文字工具，在工具属性栏中设置“字体”为“黑体”、“字体大小”为 36 点，移动鼠标指针至路径中间，单击，确认输入点，并输入文字，移动鼠标指针至“路径”面板其他图层上，单击，隐藏路径区域，如图 8-12 所示。

图8-11 创建路径

图8-12 输入区域文字

8.3 调整与转换文字对象

8.3.1 调整区域文字

输入区域文字后，用户还可以对区域中的文字进行调整。

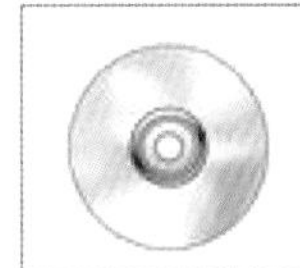	素材文件	光盘 \ 素材 \ 第 8 章 \ 圣诞快乐 .psd
	效果文件	光盘 \ 效果 \ 第 8 章 \ 圣诞快乐 .psd
	视频文件	光盘 \ 视频 \ 第 8 章 \8.3.1 调整区域文字 .mp4

步骤 01 单击“文件”|“打开”命令，打开随书附带光盘的“素材 \ 第 8 章 \ 圣诞快乐 .psd”素材图像，如图 8-13 所示。

图8-13 素材图像

步骤 02 选取工具箱中的横排文字工具，将鼠标指针移至图像编辑窗口中文字的中间，拖动，即可选中文字，如图 8-14 所示。

步骤 03 在工具属性栏中设置“字体”为 Edwardian Script ITC、“字体大小”为 10 点、“消除锯齿的方法”为平滑，即可调整区域文字，将鼠标指针移至“路径”面板其他区域上，单击，隐藏区域，效果如图 8-15 所示。

图8-14 选中文字

图8-15 调整区域文字后的图像

8.3.2 调整字体类型

在使用横排文字工具T或直排文字工具↓T输入文字时，可以在文字工具属性栏中设置文字属性，也可以使用“字符”面板或“段落”面板来设置文本属性。

图 8–16 所示为素材图像，选取工具箱中的横排文字工具T，移动鼠标指针至图像编辑窗口中文字上，拖动，释放鼠标，即可选中该文字，在工具属性栏中的设置“字体”为“华文彩云”，即可更改文字的字体类型，效果如图 8–17 所示。

图8–16 素材图像

图8–17 更改字体类型

8.3.3 调整排列方向

用户在 Photoshop CS6 中编辑文字，还可以根据需要在输入的水平文字和垂直文字之间进行切换。

图 8–18 所示为素材图像，选取工具箱中的横排文字工具T，移动鼠标指针至图像编辑窗口中文字上，拖动，释放鼠标，即可选中该文字，在工具属性栏中的单击“更改文字方向”按钮↓T，即可更改文字的排列方向，再调整文字的位置，效果如图 8–19 所示。

图8–18 素材图像

图8–19 更改文字排列方向

8.3.4 将文字转换为路径

在 Photoshop CS6 中，用户可以将文字转换成路径，从而可以直接使用此路径进行描边等操作。

	素材文件	光盘 \ 素材 \ 第 8 章 \ 金月湾 .psd
	效果文件	光盘 \ 效果 \ 第 8 章 \ 金月湾 .psd
	视频文件	光盘 \ 视频 \ 第 8 章 \8.3.4　将文字转换为路径 .mp4

步骤 01 单击“文件”|“打开”命令，打开随书附带光盘的“素材 \ 第 8 章 \ 金月湾 .psd”素材图像，如图 8-20 所示。

步骤 02 拖动至金月湾图层上，右击，弹出快捷菜单，选择“创建工作路径”选项，如图 8-21 所示。

图8-20　素材图像

图8-21　选择“创建工作路径”选项

步骤 03 执行上述操作后，即可将文字转换为路径，如图 8-22 所示。

步骤 04 隐藏文字图层，效果如图 8-23 所示。

图8-22　将文字转换为路径

图8-23　隐藏文字图层效果

8.3.5　将文字转换为形状

选择文字图层，单击“文字”|“转换为形状”命令，即可将文字转换为有矢量蒙版的形状。

将文字转换为形状后，原文字图层已经不存在，取而代之的是一个形状图层，此时我们只能够使用钢笔工具、添加描点工具等路径编辑工具对其进行调整，而无法再为其设置文字属性。

图 8–24 所示为素材图像，单击“文字”|“转换为形状”命令，如图 8–25 所示。

图8–24 素材图像

图8–25 单击“转换为形状”命令

即可将文字转换为形状，效果如图 8–26 所示，将文字转换为形状后，原文字图层已经不存在，取而代之的是一个形状图层，如图 8–27 所示。

图8–26 将文字转换为形状

图8–27 形状图层

8.3.6 将文字转换为图像

将文字转换为图像后，文字图层将转换为普通图层，且无法再设置文字的字符及段落属性，但可以对其使用滤镜命令、图像调整命令或叠加更丰富的颜色及图案等。

图 8–28 所示为素材图像，展开“图层”面板，选择文字图层，右击，在弹出的快捷菜单中选择“栅格化文字”选项，文字图层转换为普通图层，即文字转换为图像，如图 8–29 所示。

单击“选择”|“载入选区”命令，弹出“载入选区”对话框，保持默认设置，单击“确定”按钮，即可将图像载入选区，如图 8–30 所示，设置前景色为白色，单击“编辑”|“填充”命令，

弹出“填充”对话框，设置“使用”为“前景色”，单击“确定”按钮，即可填充颜色，单击“选择”|“取消选择”命令，取消选区，效果如图 8–31 所示。

图8–28　素材图像

图8–29　“图层”面板

图8–30　将图像载入选区

图8–31　填充颜色

8.4　制作路径文字特效

在许多作品中，设计的文字呈连绵起伏的状态，这就是路径绕排文字的功劳，沿路径绕排文字时，可以先使用钢笔工具或形状工具创建直线或曲线路径，再进行文字的输入。

8.4.1 输入沿路径排列文字

创建一段路径后，并沿着路径输入文字，文字将沿着描点和路径的方向进行排列，如图 8-32 所示为素材图像，选取工具箱中的钢笔工具，将鼠标指针移至图像编辑窗口中的合适位置，并创建一条曲线路径，如图 8-33 所示。

图8-32 素材图像

图8-33 创建曲线路径

选取横排文字工具，在工具属性栏上设置“字体”为方正黑体简体、“字体大小”为40点、“颜色”为白色，将鼠标指针移至曲线路径上，如图 8-34 所示，单击确定插入点并输入文字，单击工具属性栏右上角的“提交所有当前编辑”按钮进行确认，效果如图 8-35 所示。

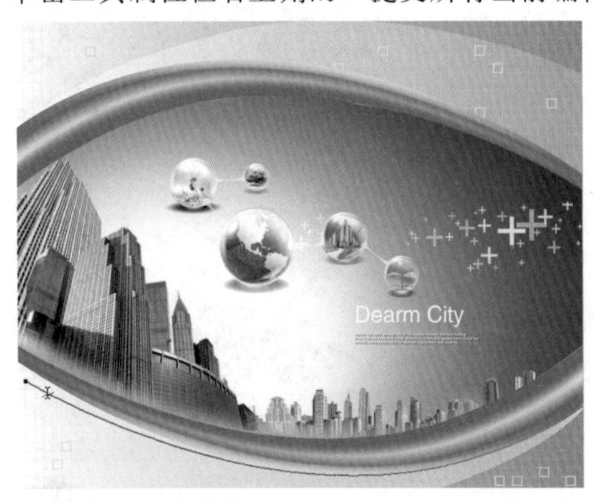

图8-34 移动鼠标指针

图8-35 文字效果

8.4.2 调整文字位置、路径形状

在路径文字编辑的过程中，若对文字的起始位置或方向不满意，用户可以对文字进行修改，运用路径工具可以对路径形状进行调整。图 8-36 所示为素材图像，展开“路径”面板，选择当前路径选项，显示路径，如图 8-37 所示。

图8–36　素材图像

图8–37　显示路径

选择路径选择工具，移动鼠标指针至图像编辑窗口中的文字路径上，当鼠标指针呈形状时，拖动，即可调整文字位置，效果如图 8–38 所示，选取工具箱中的直接选择工具，移动鼠标指针至图像编辑窗口中的文字路径上，拖动描点，即可调整文字路径的形状，隐藏路径，效果如图 8–39 所示。

图8–38　调整文字位置

图8–39　调整文字路径形状

8.4.3　调整文字与路径距离

调整路径文字的基线偏移距离，可以在不编辑路径的情况下轻松调整文字的距离。

	素材文件	光盘 \ 素材 \ 第 8 章 \ 绿色生活 .psd
	效果文件	光盘 \ 效果 \ 第 8 章 \ 绿色生活 .psd
	视频文件	光盘 \ 视频 \ 第 8 章 \8.4.3　调整文字与路径距离 .mp4

步骤 01 单击“文件”|“打开”命令，打开随书附带光盘的“素材 \ 第 8 章 \ 绿色生活 .psd”素材图像，如图 8–40 所示。

步骤 02 展开“路径”面板，选择“工作路径”路径，如图 8–41 所示。

图8-40　素材图像

图8-41　选择“工作路径”路径

步骤 03 选取工具箱中的移动工具，将鼠标指针放置在图像编辑窗口中的文字上，拖动，即可调整文字与路径间的距离，如图 8-42 所示。

步骤 04 在“路径”面板灰色底板处，单击，即可隐藏工作路径，效果如图 8-43 所示。

图8-42　调整文字与路径间的距离

图8-43　最终效果

8.5　综合案例——制作金色牡丹效果

以制作金色牡丹效果为例，进一步学习横排文字蒙版工具、创建文字选区、填充文字选区颜色的操作。

8.5.1　选取横排文字蒙版工具

用户在使用文字蒙版工具创建文字选区时，图像背景将呈淡红色显示，且输入的文字为实体，确认文字的输入后可得到文字型选区。

	素材文件	光盘 \ 素材 \ 第 8 章 \ 牡丹图 .psd
	效果文件	无
	视频文件	光盘 \ 视频 \ 第 8 章 \8.5.1　选取横排文字蒙版工具 .mp4

步骤 01 单击“文件”|“打开”命令，打开随书附带光盘的“素材\第8章\牡丹图.psd”素材图像，如图8-44所示。

步骤 02 选取工具箱中的横排文字蒙版工具，将鼠标指针移至图像编辑窗口中的合适位置，单击，即可确定文字的插入点，如图8-45所示。

图8-44　素材图像

图8-45　确定文字的插入点

8.5.2　创建金色牡丹文字选区

用户可以利用【Ctrl + Enter】组合键，快速创建文字选区。

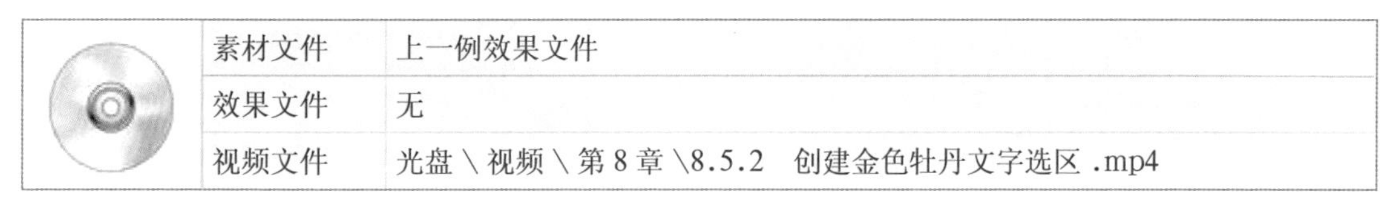

	素材文件	上一例效果文件
	效果文件	无
	视频文件	光盘\视频\第8章\8.5.2　创建金色牡丹文字选区.mp4

步骤 01 在工具属性栏中设置“字体”为“华文楷体”、“字体大小”为48点，选择一种合适的输入法，输入文字“金色牡丹”，如图8-46所示。

步骤 02 按【Ctrl + Enter】组合键确认，即可完成文字选区的创建，如图8-47所示。

图8-46　输入文字“金色牡丹”

图8-47　完成文字选区的创建

8.5.3 填充文字选区颜色

在 Photoshop CS6 中，添加“内阴影”效果，能给图像增加一些层次感。

	素材文件	上一例效果文件
	效果文件	光盘效果 \ 第 8 章 \ 咖啡豆明信片 .psd
	视频文件	光盘 \ 视频 \ 第 8 章 \8.5.3　填充文字选区颜色 .mp4

步骤 01 新建“图层 2”，设置前景色为黄色（RGB 参数值分别为 236、201、97），按【Alt + Delete】组合键，填充选区，如图 8–48。

步骤 02 按【Ctrl + D】组合键取消选区，即可制作出金色牡丹效果，如图 8–49 所示。

图8–48　填充选区颜色

图8–49　完成金色牡丹效果

本章小结

本章主要学习在图像中输入文字和文字的编辑，输入文字是最基础的，再通过调整文字对象、转换文字、制作路径文字特效，对文字的各种编辑和应用做了一个较为全面的详解，以达到在以后设计过程中制作出更加醒目的文字效果。

课后习题

鉴于本章知识的重要性，为帮助用户更好地掌握所学知识，通过课后习题对本章内容进行简单的知识回顾。

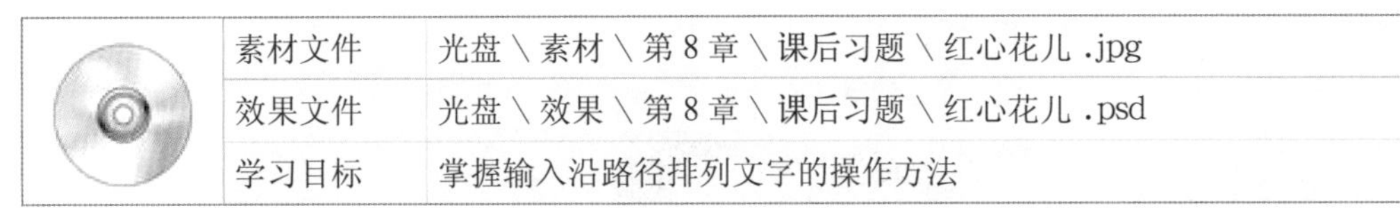

	素材文件	光盘 \ 素材 \ 第 8 章 \ 课后习题 \ 红心花儿 .jpg
	效果文件	光盘 \ 效果 \ 第 8 章 \ 课后习题 \ 红心花儿 .psd
	学习目标	掌握输入沿路径排列文字的操作方法

本习题需要输入沿路径排列文字，素材如图 8-50 所示，最终效果如图 8-51 所示。

图8-50　素材图像

图8-51　添加“斜面和浮雕”后的效果图

创建与编辑路径对象

学本章引言

Photoshop CS6 是一个标准的位图软件，但仍然具有较强的矢量线条绘制功能，系统本身提供了非常丰富的线条形状绘制工具，如钢笔工具、矩形工具、圆角矩形工具以及多边形工具等。本章将讲解利用这些工具绘制与编辑路径的基本操作。

本章主要内容

■ 9.1　掌握路径基本功能

■ 9.2　创建线性路径

■ 9.3　编辑路径

■ 9.4　综合案例——制作新店开业效果

9.1　掌握路径基本功能

路径是 Photoshop CS6 中的各项强大功能之一，它是基于“贝塞尔”曲线建立的矢量图形，所有使用矢量绘图软件或矢量绘图制作的线条，原则上都可以称为路径。

9.1.1　新建路径

利用钢笔工具、自由钢笔工具或其中任意一种绘制路径的工具在图像文件中绘制，即可绘制出新路径，如图 9-1 和图 9-2 所示。

图9-1　绘制路径

图9-2　自动创建的“工作路径”

提示

使用路径绘制工具绘制路径时，如果当前没有在“路径”面板中选择任何一个路径，则Photoshop CS6会自动创建一个“工作路径”。

9.1.2　选择路径

单利用钢笔工具只能创建路径，若要对路径进行编辑、移动等操作，必须将其选中。路径是由描点与描点之间的线段组合而成，因此，选择路径有两种方式，一种是选择整条路径，另一种是选择路径的描点或路径中的某一段，根据选择的不同，编辑的效果亦不一样，因此，最好是根据需要的不同，使用不同的选择路径方式。

要选择整条路径，应该选取工具箱中的路径选择工具，直接单击需要选择的路径即可，当整条路径处于选中状态时，路径线呈黑色显示。

如果需要修改路径的外形，应该将路径线的线段选中，此时可以在工具箱中直接选择工具，单击需要选择的路径线段并进行拖动或变换操作。

9.1.3　删除路径

要删除“路径”面板上的某一条路径，常用的操作方法是将其选中后单击“删除”按钮，或者直接将其拖动至“删除”按钮上，如图 9-3 所示，释放鼠标，即可删除路径，还有一种在“路径”面板中选中要删除的路径，然后按【Delete】键或【Backspace】键即快速删除路径，用户还可以选取钢笔

图9-3　删除路径

工具，在图像路径中右击，弹出快捷菜单，选择“删除”选项，即可删除路径。

9.1.4 重命名路径

新创建的路径自动命名为“路径 1”“路径 2”“路径 3”等依次类推，在“路径”面板中，选择要重命名的路径，通过双击路径的名称，待其名称变为可输入状态时，如图 9–4 所示，在文本框中重新输入文字以改变路径的名称，如图 9–5 所示。在路径未被保存的情况下，双击“工作路径”，弹出“存储路径”对话框，在“名称”文本框中重新设置名称，即可重命名路径。

图9–4 可输入状态

图9–5 重命名路径

9.1.5 保存工作路径

初次绘制路径得到的是“工作路径”，在“工作路径”上双击或单击将其拖动至“路径”面板下面的“新路径”按钮，即可将其保存为“路径 1”。在没有保存路径的情况下，绘制的新路径会替换原来的旧路径，这也是许多用户在绘制路径之后发现原来路径不存在的原因。

在Photoshop CS6中，任何一个文件中都只能存在一个工作路径，如果原来的工作路径没有保存，就继续绘制新路径，那么原来的工作路径就会被新路径取代，为了避免造成不必要的损失，建议用户养成随时保存路径的好习惯。

9.1.6 复制工作路径

要复制一条路径，直接将其拖动至“创建新路径”按钮上，如图 9–6 所示，释放鼠标，即可复制路径，如图 9–7 所示。

图9–6 复制路径操作

图9–7 得到路径副本

9.2　创建线性路径

文字是多数设计作品，尤其是商业作品中不可或缺的重要元素，有时甚至在作品中起着主导作用。Photoshop 除了提供丰富的文字属性设计及版式编排功能外，还允许用户自行对文字的形状进行编辑，从而制作出更多丰富的文字效果。

9.2.1　创建直线、曲线路径

钢笔工具是绘制路径时的首选工具，也是最常用的路径绘制工具，使用该工具可以绘制直线或平滑的曲线。

图 9–8 所示为素材图像，选取工具箱中的钢笔工具，将鼠标指针移至编辑窗口的合适位置，单击，确认路径的第 1 点，将鼠标指针移至另一位置，拖动，至适当位置后释放鼠标，创建路径的第 2 点，如图 9–9 所示。

图9–8　素材图像

图9–9　创建描点

再次将鼠标指针移至合适位置，拖动至合适位置，释放鼠标，创建路径的第 3 点，如图 9–10 所示，用与上同样的方法，依次单击，创建路径，效果如图 9–11 所示。

图9–10　创建第3个描点

图9–11　创建路径

9.2.2　创建开放路径

使用钢笔工具不仅可以绘制闭合路径，还可以绘制开放的直线或曲线路径。在 Photoshop CS6 中新建一个空白文件，选取钢笔工具，移动鼠标指针至空白画布左侧，拖动，如图 9–12 所示，释放鼠标，再次移动鼠标指针至右侧，拖动，绘制出一条开放曲线路径，如图 9–13 所示。

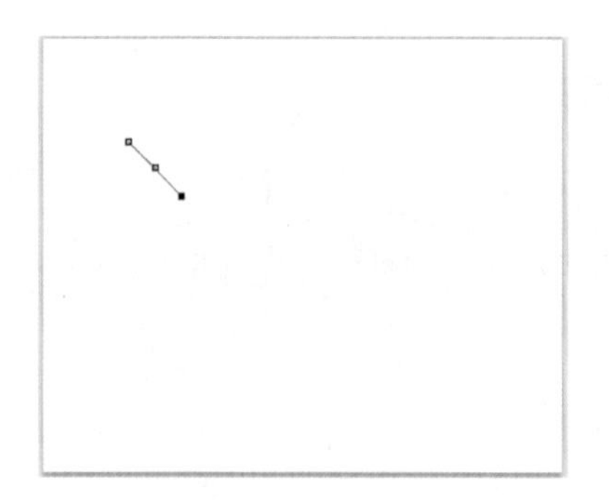

图9-12 拖动

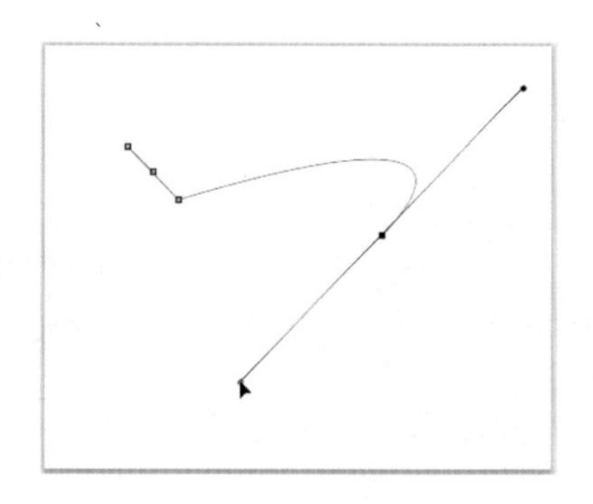

图9-13 开放曲线路径

9.2.3 创建曲线路径

使用自由钢笔工具可以随意绘图，不需要像使用钢笔工具那样通过创建描点来绘制路径。自由钢笔工具属性栏与钢笔工具属性栏基本一致，只是将“自动添加／删除”变为“磁性的”复选框。

	素材文件	光盘 \ 素材 \ 第 9 章 \ 信纸 .jpg
	效果文件	光盘 \ 效果 \ 第 9 章 \ 信纸 .psd
	视频文件	光盘 \ 视频 \ 第 9 章 \9.2.3 绘制曲线路径 .mp4

步骤 01 单击“文件”|“打开”命令，打开随书附带光盘的“素材 \ 第 9 章 \ 信纸 .jpg”素材图像，选取工具箱中的自由钢笔工具，在工具属性栏中选中“磁性的”复选框，移动鼠标指针至图像编辑窗口中，单击，确定起始位置，如图 9-14 所示。

步骤 02 依次沿着信纸图像边缘拖动至起始点，单击，即可创建一个闭合路径，在“路径”面板底部单击“将路径作为选区载入”按钮，即可使路径转换成选区，如图 9-15 所示。

图9-14 确定起始位置

图9-15 将路径转换成选区

步骤 03 单击“图像”|“调整”|“色相／饱和度”命令，弹出“色相／饱和度”对话框，设置其中各参数，如图 9-16 所示。

步骤 04 单击“确定”按钮，即可调整选区中的颜色，按住【Ctrl+D】组合键取消选区，如图 9-17 所示。

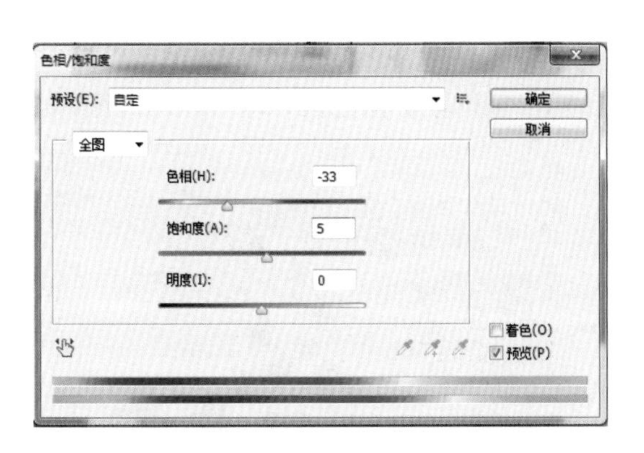

图9-16　“色相/饱和度”对话框

图9-17　调整饱和度后的效果图

9.2.4　创建选区路径

“路径”面板中可以将选区保存为路径，也可以将路径作为选区载入。

	素材文件	光盘 \ 素材 \ 第 9 章 \ 球体 .jpg
	效果文件	光盘 \ 效果 \ 第 9 章 \ 球体 .psd
	视频文件	光盘 \ 视频 \ 第 9 章 \9.2.4　创建选区路径 .mp4

步骤 01 单击“文件”|“打开”命令，打开随书附带光盘的“素材 \ 第 9 章 \ 球体 .jpg”素材图像，选取磁性套索工具，移动鼠标指针至图像编辑窗口中的合适位置，创建选区，如图 9-18 所示。

步骤 02 单击“窗口”|“路径”命令，展开“路径”面板，单击“路径”面板右上角的下拉三角形按钮，弹出“菜单”面板，选择“建立工作路径”选项，弹出“建立工作路径”对话框，设置“容差”为 2.0，单击“确定”按钮，即可将选区生成工作路径，如图 9-19 所示。

图9-18　创建选区

图9-19　将选区生成工作路径

9.3　编辑路径

9.3.1　选择 / 移动路径

在 Photoshop CS6 中，选取路径选择工具和直接选择工具，可以对路径进行选择和移动的操作。

选取工具箱中的路径选择工具，移动鼠标指针至Photoshop CS6图像编辑窗口中的路径上，单击，即可选择路径，如图9–20所示。拖动至合适位置，即可移动路径，如图9–21所示。

图9–20 选择路径

图9–21 移动路径

9.3.2 隐藏路径

一般情况下，创建的路径以黑色线显示于当前图像上，用户可以根据需要对其进行显示和隐藏操作。

	素材文件	光盘\素材\第9章\红玫瑰.jpg
	效果文件	光盘\效果\第9章\球体.psd
	视频文件	光盘\视频\第9章\9.2.4 创建选区路径.mp4

步骤 01 单击"文件"|"打开"命令，打开随书附带光盘的"素材\第9章\红玫瑰.jpg"素材图像，如图9–22所示。

步骤 02 单击"窗口"|"路径"命令，展开"路径"面板，选择"工作路径"路径，执行操作后，即可显示路径，此时图像编辑窗口中图像显示如图9–23所示。

图9–22 素材图像

图9–23 显示路径

步骤 03 在"路径"面板灰色底板处单击，如图9–24所示。

步骤 04 执行操作后，即可隐藏路径，效果如图9–25所示。

图9-24　在灰色底板处单击

图9-25　最终效果

9.3.3　复制与删除路径

在Photoshop CS6中，用户绘制路径后，若需要绘制同样的路径，可以选择需要复制的路径，对其进行复制操作，用户绘制路径后，若“路径”面板中存在有不需要的路径，用户可以将其进行删除，以缩小文件大小。

图9-26所示为素材图像，调出“路径”面板，在“工作路径”路径上单击，即可在图像编辑窗口中显示路径，选取工具箱中的路径选择工具，在图像编辑窗口中的路径上单击，按住【Alt】键的同时，拖动，即可复制路径，如图9-27所示。

图9-26　素材图像

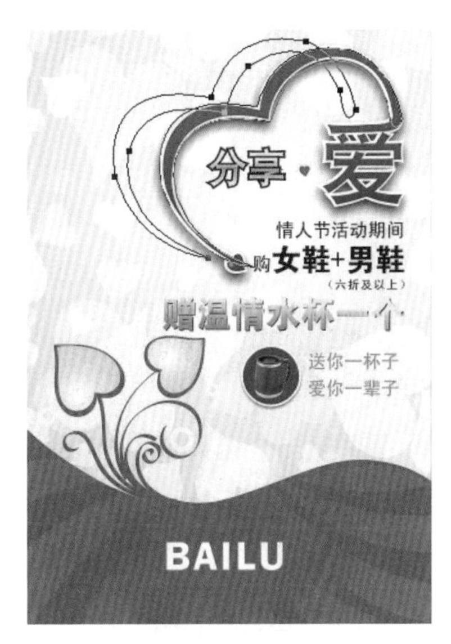

图9-27　复制路径

在“路径”面板中选择需要删除的“工作路径”路径，单击面板底部的“删除当前路径”按钮 ，如图9-28所示，弹出信息提示框，单击“是”按钮，即可删除“路径”面板中选择的“工作路径”路径，图像编辑窗口中的路径也随之删除，如图9-29所示。

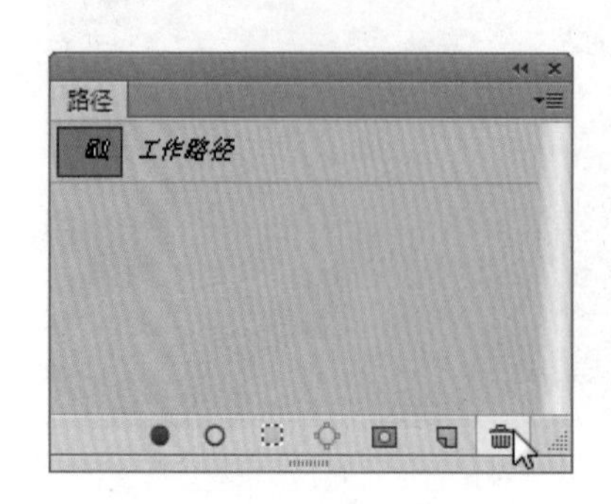

图9-28　单击“删除当前路径”按钮

图9-29　删除路径

9.3.4　存储工作路径

工作路径是一种临时性路径，其临时性体现在创建新的工作路径时，现有的工作路径将被删除，而且系统不会做任何提示，用户在以后的设计中还需要用到当前工作路径时，就应该将其保存。

	素材文件	光盘 \ 素材 \ 第 9 章 \ 茶杯 .jpg
	效果文件	光盘 \ 效果 \ 第 9 章 \ 茶杯 .psd
	视频文件	光盘 \ 视频 \ 第 9 章 \9.2.4　创建选区路径 .mp4

步骤 01　单击“文件”|“打开”命令，打开随书附带光盘的“素材 \ 第 9 章 \ 茶杯 .jpg”素材图像，如图 9-30 所示。

步骤 02　单击“窗口”|“路径”命令，展开“路径”面板，选择“工作路径”路径，如图 9-31 所示。

图9-30　素材图像

图9-31　选择“工作路径”路径

步骤 03　单击面板右侧上方的下三角形按钮，在弹出的面板菜单中，选择“存储路径”选项，如图 9-32 所示。

步骤 04　弹出“存储路径”对话框，设置“名称”为“茶杯”，单击“确定”按钮，如图 9-33 所示。

图9−32 选择“存储路径”选项

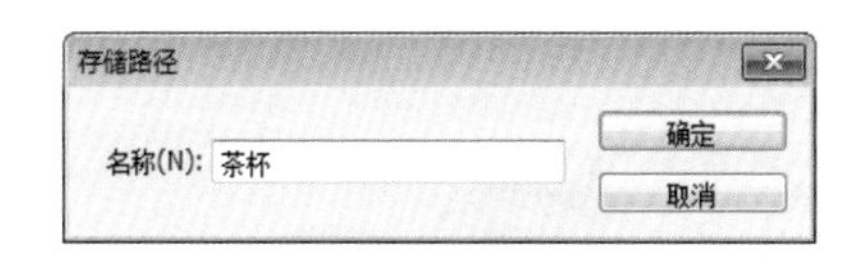

图9−33 设置“名称”为“茶杯”

9.3.5 添加 / 删除描点

在路径被选中的情况下，运用添加描点工具直接单击要增加描点的位置，即可增加一个描点，运用删除描点工具，选择需要删除的描点，单击即可删除此描点。

图 9−34 所示为素材图像，单击“窗口”|“路径”命令，展开“路径”面板，选择“路径 1”路径，选取工具箱中的添加描点工具，移动鼠标指针至图像编辑窗口中的路径上，单击，即可添加描点，如图 9−35 所示。

图9−34 素材图像

图9−35 添加描点

选取工具箱中的删除描点工具，如图 9−36 所示，移动鼠标指针至图像编辑窗口中路径上左侧的描点上，单击，即可删除该描点，如图 9−37 所示。

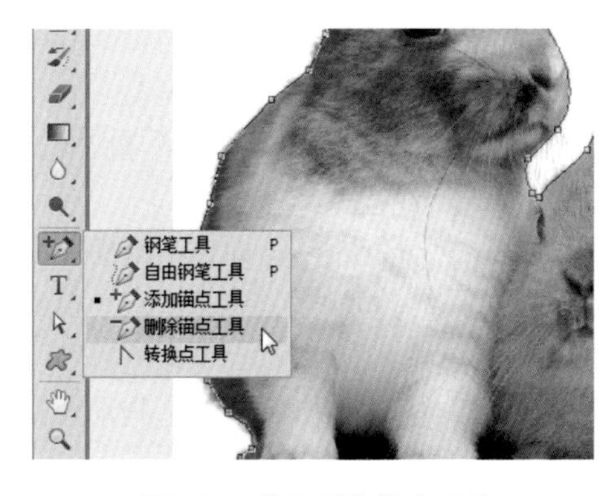

图9−36 选取删除描点工具

图9−37 删除描点

9.3.6 平滑与尖突描点

用户在对描点进行编辑时，经常需要将一个两侧没有控制柄的直线型描点转换为两侧具有控制柄的圆滑型描点的操作，则可以平滑和尖突描点。

图 9-38 所示为素材图像，单击“窗口”|“路径”命令，展开“路径”面板，选择“工作路径”路径，显示路径，如图 9-39 所示。

图9-38 素材图像

图9-39 显示路径

选取工具箱中的转换点工具，移动鼠标指针至图像编辑窗口中的路径上的描点处，单击在路径上显示描点，拖动，即可平滑描点，如图 9-40 所示，移动鼠标指针至路径的另一位置，按住【Alt】键的同时在描点上向下方拖动，移动控制柄，即可尖突描点，如图 9-41 所示。

图9-40 平滑描点

图9-41 尖突描点

9.3.7 断开与连续路径

在路径被选中的情况下，选择单个或多组描点，按【Delete】键，可将选中的描点清除，将路径断开，运用钢笔工具，可以将断开的路径重新闭合。

图 9-42 所示为素材图像，单击“窗口”|“路径”命令，展开“路径”面板，选择“工作路径”路径，显示路径，选取工具箱中的直接选择工具，拖动至需要断开的路径描点上，单击，即可选中该描点，如图 9-43 所示。

按【Delete】键，即可断开路径，如图 9-44 所示，选取工具箱中的钢笔工具，拖动至断开路径的左开口上，单击，拖动至右侧开口上，单击，即可连接路径，如图 9-45 所示。

图9-42 素材图像

图9-43 选中描点

图9-44 断开路径

图9-45 连接路径

9.3.8 布尔运算形状路径

在绘制路径的过程中，用户除了需要掌握绘制各类路径的方法外，还应该了解如何运用工具属性栏上的运算选项在路径间进行运算，其中布尔运算形状路径运用得比较广泛。

图 9-46 所示为素材图像，选取工具箱中的自定形状工具，在工具属性栏中，单击“选择工具模式”按钮，在弹出的列表框中，选择“形状”选项，单击“形状”右侧的下拉三角形按钮，在“形状”列表框中选择“蝴蝶”选项，如图 9-47 所示。

图9-46 素材图像

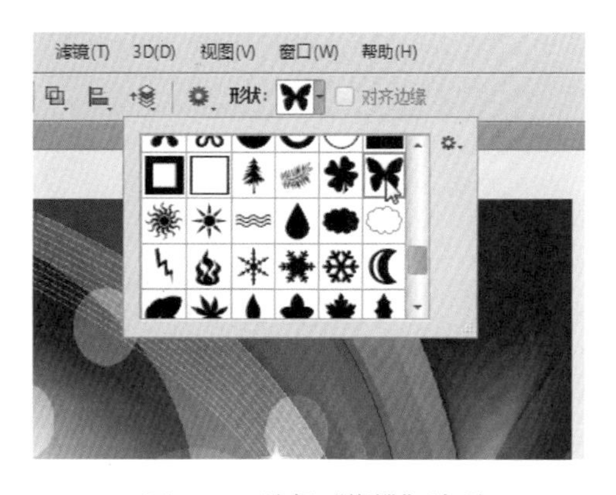

图9-47 选择“蝴蝶”选项

设置前景色为蓝色（RGB 参数值分别为 0、142、224），移动鼠标指针至图像中合适位置，拖动，即可创建形状，单击工具属性栏中的“合并形状”按钮，在图像适当位置拖动，绘制第 2 个形状，即可添加形状区域，如图 9–48 所示，单击工具属性栏中的“减去顶层形状”按钮，在图像适当位置拖动，绘制第 3 个形状，即可减去形状区域，如图 9–49 所示。

图9–48　添加形状区域

图9–49　减去形状区域

提示

路径工具属性栏中各种运算按钮的含义如下：

- “合并形状”按钮：在原路径区域的基础上合并新的路径区域。
- “减去顶层形状”按钮：在原路径区域的基础上减去新的路径区域。
- “与形状区域相交”按钮：新路径区域与原路径区域交叉区域为最终路径区域。

单击工具属性栏中的“与形状区域相交”按钮，在图像适当位置拖动，绘制第 4 个形状，即可交叉形状区域，如图 9–50 所示，单击工具属性栏中的“排除重叠形状”按钮，在图像适当位置拖动，绘制第 5 个形状，即可重叠形状区域除外，如图 9–51 所示。

图9–50　交叉形状区域

图9–51　重叠形状区域

9.4　综合案例——制作新店开业效果

以制作闪亮卡片效果为例，进一步学习通过直线工具绘制路径形状、填充路径颜色、填充路径颜色、运用布尔运算形状路径的操作。

9.4.1　通过直线工具绘制路径形状

用户在 Photoshop　CS6 中使用直线工具后，工具属性栏会显示一个“粗细”选项，主要用来设置所绘制直线的粗细，其取值范围为 1 ～ 1000；数值越大，绘制出来的线条越粗。

素材文件	光盘 \ 素材 \ 第 9 章 \ 新店开业 .jpg
效果文件	无
视频文件	光盘 \ 视频 \ 第 9 章 \9.4.1　运用多边形工具绘制路径形状 .mp4

步骤 01　单击“文件”|“打开”命令，打开随书附带光盘的“素材 \ 第 9 章 \ 新店开业 .jpg”素材图像，如图 9–52 所示。

步骤 02　选取工具箱中的直线工具，在工具属性栏中设置形式为“形状”，单击按钮，弹出“箭头”面板，选中“终点”复选框，设置“宽度”为 600%、“长度”为 1000%、“凹度”为 0%、“粗细”为 15 像素，如图 9–53 所示。

步骤 03　将鼠标指针移至图像编辑窗口中的左侧，并向右拖动，至合适位置后释放鼠标，即可绘制一个箭头形状，如图 9–54 所示。

图9–52　素材图像

图9–53　设置工具属性栏

图9–54　绘制箭头

9.4.2 填充路径颜色

素材文件	上一例效果
效果文件	无
视频文件	光盘 \ 视频 \ 第 9 章 \9.4.2　填充路径颜色 .mp4

步骤 01 按住【Ctrl】键的同时，在“图层”面板“形状 1”图层的矢量蒙版缩览图上，单击鼠标左键，调出选区，如图 9–55 所示。

步骤 02 新建“图层 1”图层，选取渐变工具，设置渐变颜色黄色（RGB 的参数值分别为 253、246、1）至洋红色（RGB 的参数值分别为 221、4、122）的渐变，将鼠标指针移至选区的左侧，单击，按照箭头的方向拖动，填充选区，按【Ctrl + D】组合键，取消选区，效果如图 9–56 所示。

图9–55　调出选区

图9–56　效果图像

9.4.3 运用布尔运算形状路径

在 Photoshop　CS6 中，运用工具属性栏中的“减去顶层形状”选项，可以对路径进行布尔运算操作。

素材文件	上一例效果
效果文件	光盘 \ 效果 \ 第 9 章新店开店 .psd
视频文件	光盘 \ 视频 \ 第 9 章 \9.4.3　运用布尔运算形状路径 .mp4

步骤 01 设置前景色为洋红色（RGB 的参数值分别为 221、4、122），选择工具箱中的自定形状工具，在工具属性栏上选择形状为“红心形卡”形状，再分别单击工具属性栏中的“新建形状图层”按钮▫；将鼠标指针移至图像编辑窗口的合适位置，并向右下角拖动，至合适位置后释放鼠标，即可绘制一个红色的心形，如图 9–57 所示。

步骤 02 在工具属性栏中选择“合并形状”选项，将鼠标指针移至先前绘制心形的左下角，拖动，至合适位置后释放鼠标，即可将绘制的心形添加到形状区域，效果如图 9–58 所示。

图9–57　调出选区

步骤 03 选择工具属性栏中的“减去顶层形状”选项，将鼠标指针移至第一个绘制的心形上，再次绘制一个大小合适的心形，即可从当前形状区域减去一部分图形，单击移动工具，将绘制的心形移动至合适的位置，在路径面板灰色底板处单击，即可隐藏路径如图 9–59 所示。

图9–58　效果图像

图9–59　效果图像

本 章 小 结

本章主要学习在位图软件中运用各种矢量工具，并运用工具制作各种图像，首先对路径有一个初步了解，再通过实践操练来制作相应的图像，如绘制路径、绘制路径形状、编辑路径和应用路径等。

课 后 习 题

鉴于本章知识的重要性，为帮助用户更好地掌握所学知识，通过课后习题对本章内容进行简单的知识回顾。

	素材文件	光盘 \ 素材 \ 第 9 章 \ 课后习题 \ 色彩诱惑 .jpg
	效果文件	光盘 \ 效果 \ 第 9 章 \ 课后习题 \ 色彩诱惑 .psd
	学习目标	掌握选择 \ 移动路径的操作方法

本习题需要移动素材中蝴蝶的位置，素材如图 9–60 所示，最终效果如图 9–61 所示。

图9–60　素材图像

图9–61　添加“斜面和浮雕”后的效果图

第10章

创建通道与蒙版对象

本章引言

在处理图像过程中，用户可以利用通道、蒙版制作出各种各样的绚丽图像特效。熟练掌握通道和蒙版的知识，将有助于用户更好地理解图像处理的原理。

本章讲解通道类型、通道的基本操作、创建和编辑蒙版对象、应用与转换蒙版对象的操作。

本章主要内容

- 10.1 了解不同通道类型
- 10.2 通道的基本操作
- 10.3 创建和编辑蒙版对象
- 10.4 应用与转换蒙版对象
- 10.5 综合案例——制作城市薄雾晨曦效果

10.1 了解不同通道类型

通道是一种灰度图像，每一种图像包括一些基于颜色模式的颜色信息通道，通道分为Alpha 通道、颜色通道、复合通道、单色通道和复色通道 5 种。

10.1.1 通道的作用

通道是一种很重要的图像处理方法，它主要用来存储图像的色彩信息和图层中的选择信息。使用通道可以复原扫描失真严重的图像，还可以对图像进行合成，从而创作出一些意想不到的效果。

10.1.2 了解通道面板

“通道”面板是创建和编辑通道的主要场所。在 Photoshop CS6 默认的情况下，“通道”面板显示的都是颜色通道，如图 10–1 所示。通道内容的缩览图显示在通道名称的左侧，并且在编辑通道时会自动更新。

图10–1 “通道”面板

提示

“通道”面板中主要有5个要素：

- “指示通道可见性”图标。
- “将通道作为选区载入”按钮。
- “将选区存储为通道”按钮。
- “创建新通道”按钮。
- “删除当前通道”按钮。

10.1.3 Alpha 通道

在 Photoshop CS6 中，通道除了可以保存颜色信息外，还可以保存选区的信息，此类通道被称为 Alpha 通道。

Alpha 通道主要用于创建和存储选区，创建并保存选区后，将以一个灰度图像保存在 Alpha 通道中，在需要的时候可以载入选区。

10.1.4　颜色通道

颜色通道又称原色通道，主要用于存储图像的颜色数据，RGB 图像有 3 个颜色通道，如图 10–2 所示；CMYK 图像有 4 个颜色通道，如图 10–3 所示，包含了所有的将被打印或显示的颜色。

图10–2　RGB模式颜色通道

图10–3　CMYK模式颜色通道

10.1.5　复合通道

复合通道始终是以彩色显示图像的，是用于预览并编辑整体图像颜色通道的一个快捷方式，分别单击“通道”面板中任意一个通道前的“指示通道可见性”图标，即可复合基本显示的通道，得到不同的颜色显示，如图 10–4 所示。

图10–4　复合通道

10.1.6　单色通道

在“通道”面板中任意删除其中的一个通道，所有通道将会变成黑白色，且原来的彩色通道也会变成灰色通道，而形成单色通道，如图 10–5 所示。

图10–5　单色通道

10.1.7　专色通道

专色通道设置只是用来在屏幕上显示模拟效果的，对实际打印输出并无影响。此外，如果新建专色通道之前制作了选区，则新建通道后，将在选区内填充专色通道颜色。

专色通道用于印刷，在印刷时每种专色油墨都要求专用的印版，以便单独输出。图 10–6 所示为创建一个专色通道。

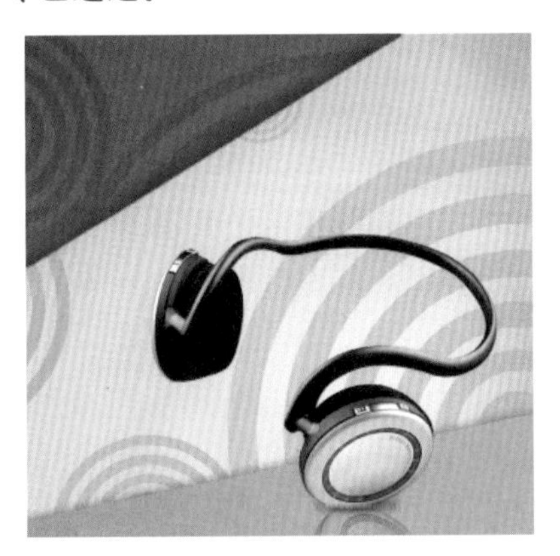

图10–6　专色通道

10.2　通道的基本操作

“通道”面板用于创建并管理通道，通道的许多操作都是在“通道”面板中进行的。通道的基本操作主要包括新建通道、保存选区至通道、复制和删除通道以及分离和合并通道等内容。

10.2.1　新建通道

在“通道”面板中，用户可以新建通道。

	素材文件	光盘 \ 素材 \ 第 10 章 \ 思念 .jpg
	效果文件	光盘 \ 效果 \ 第 10 章 \ 思念 .psd
	视频文件	光盘 \ 视频 \ 第 10 章 \10.2.1　新建通道 .mp4

步骤 01 单击“文件”|“打开”命令，打开随书附带光盘中的“素材 \ 第 10 章 \ 思念 .jpg”素材图像，如图 10-7 所示。

步骤 02 单击“窗口”|“通道”命令，展开“通道”面板，单击面板底部的“创建新通道”按钮，即可创建新的通道，如图 10-8 所示。

图10-7　素材图像

图10-8　新建Alpha1通道

提示

还可以单击面板右上角的三角形按钮，在弹出的快捷菜单中选择“新建通道”选项，新建通道。

10.2.2　保存选区至通道

在Photoshop CS6中编辑图像时，将新建的选区保存到通道中，可对图像进行多次编辑和修改。

用户可以在 Photoshop CS6 中选取磁性套索工具，在图像编辑窗口中创建一个选区，如图 10-9 所示，在“通道”面板中，单击面板底部的“将选区存储为通道”按钮，即可保存选区到通道，显示 Alpha 1 通道并且隐藏 RGB 通道，得到效果如图 10-10 所示。

图10-9　创建选区

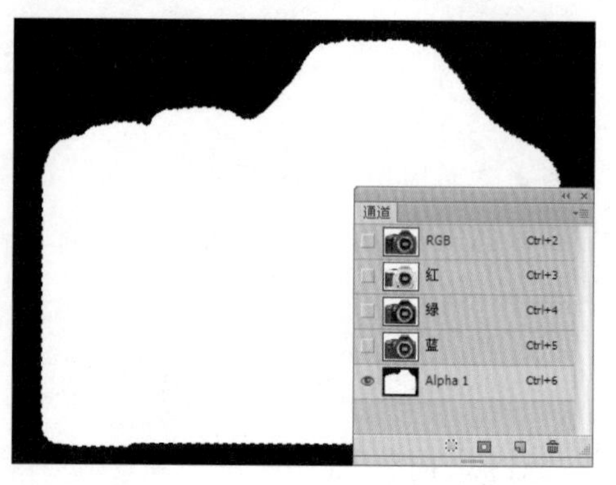

图10-10　显示Alpha 1通道

提示

在图像编辑窗口中创建好选区后，单击“选择”|“存储选区”命令，在弹出的“存储选区”对话框中设置好相应的选项后，单击“确定”按钮，也可将创建的选区存储为通道。

10.2.3　复制与删除通道

复制和删除通道的操作与复制和删除图层的操作非常相似，通过复制和删除通道操作，可以制作不同的图像效果。

	素材文件	光盘 \ 素材 \ 第 10 章 \ 白天黑夜 .jpg
	效果文件	光盘 \ 效果 \ 第 10 章 \ 白天黑夜 .psd
	视频文件	光盘 \ 视频 \ 第 10 章 \10.2.3　复制与删除通道 .mp4

步骤 01 单击“文件”|“打开”命令，打开随书附带光盘的“素材 \ 第 10 章 \ 白天黑夜 .jpg”素材图像，如图 10-11 所示。

步骤 02 在“通道”面板中，选择“蓝”通道，右击，在弹出的快捷菜单中选择“复制通道”选项，弹出“复制通道”对话框，如图 10-12 所示。

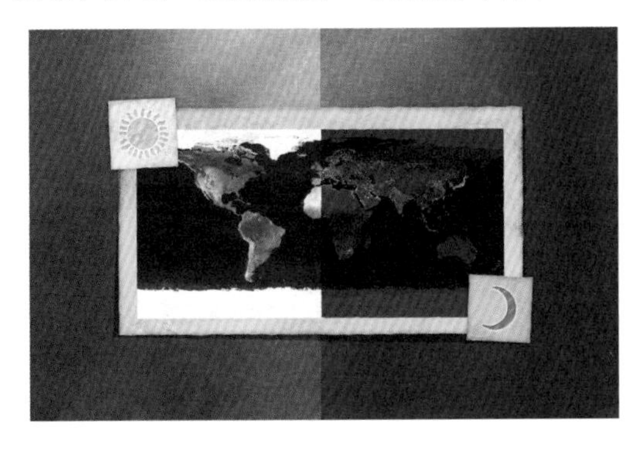

图10-11　素材图像

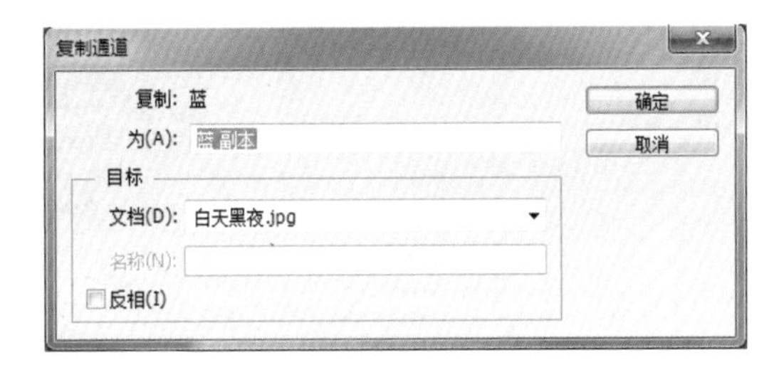

图10-12　“复制通道”对话框

步骤 03 单击“确定”按钮，即可复制一个名为“蓝 副本”的通道，如图 10-13 所示。

步骤 04 在“通道”面板中选择“红”通道，单击“面板”底部的“删除通道”按钮，图像自动转换至单色通道模式，图像编辑窗口中的图像效果如图 10-14 所示。

图10-13　复制通道

图10-14　删除通道后的图像

10.2.4 分离通道

在 Photoshop CS6 中，通过分离通道操作，可以将拼合图像的通道分离为单独的图像，分离后原文件被关闭，每一个通道均以灰度颜色模式成为一个独立的图像文件。

图 10–15 所示为素材图像，在“通道”面板中，单击面板右上角的下三角形按钮，在弹出的面板菜单中选择“分离通道”选项，如图 10–16 所示。

图10–15 素材图像

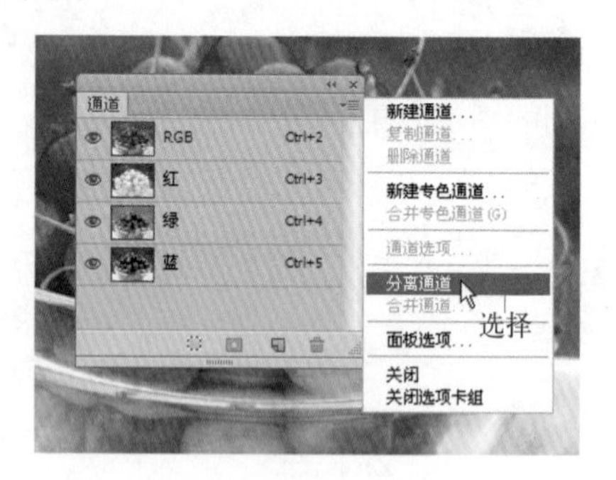

图10–16 选择“分离通道”选项

执行上述操作后，即可将 RGB 模式图像的通道分离为 3 个灰色图像，如图 10–17 所示。

R通道

G通道

B通道

图10–17 分离通道后的3个灰色图像

10.2.5 合并通道

使用“合并通道”命令可以将多个大小相同的灰度图像合并成一幅彩色图像。合并通道时注意图像的大小和分辨率必须是相同的，否则无法合并。

图 10–18 所示为素材图像，展开“通道”面板，单击面板右上角的面板菜单按钮，在弹出的面板菜单中选择“合并通道”选项，弹出“合并通道”对话框，设置“模式”为“RGB 颜色”、“通道”为 3，如图 10–19 所示。

图10–18 素材图像

单击“确定”按钮，弹出“合并RGB通道”对话框，设置各选项，如图10–20所示，单击“确定”按钮，合并图像，效果如图10–21所示。

图10–19 “合并通道”对话框

合并 RGB 通道
指定通道:
红色(R): 10-21.TIF_红
绿色(G): 10-21.TIF_绿
蓝色(B): 10-21.TIF_蓝
确定
取消
模式(M)

图10–20 “合并RGB通道”对话框

图10–21 合并图像

10.2.6 运用“应用图像”命令合成

运用“应用图像”命令，可以在图像中选择一个或多个通道进行运算，然后将运算结果显示在目标图像中，以产生各种特殊的合成效果。

图10–22所示为素材图像，单击“图像”|“应用图像”命令，弹出“应用图像”对话框，设置各选项，如图10–23所示。

图10–22 素材图像

单击“确定”按钮，即可完成图像的合成，效果如图10–24所示。

应用图像
源(S): 10-22 (c) .jpg
图层(L): 背景
通道(C): RGB 反相(I)
目标: 10-22 (a) .jpg(RGB)
混合(B): 滤色
不透明度(O): 100 %
保留透明区域(T)
蒙版(K)...
图像(M): 10-22 (b) .jpg
图层(A): 背景
通道(N): 灰色 反相(V)
确定
取消
预览(P)

图10–23 “应用图像”对话框

图10–24 合成图像后的效果

10.2.7　运用“计算”命令合成

通道是具有 256 种色阶的灰度图像，因此可以使用选区工具、绘画工具、颜色调整命令和滤镜等各种图像编辑工具编辑 Alpha 通道。

图 10–25 所示为素材图像，单击“图像”|“计算”命令，弹出“计算”对话框，设置各选项，如图 10–26 所示，单击“确定”按钮，即可运用“计算”命令合成图像，如图 10–27 所示。

图10–25　素材图像

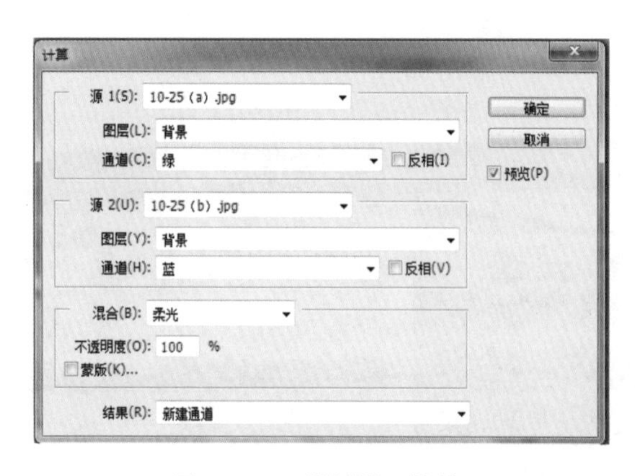

图10–26　“计算”对话框

图10–27　合成图像后的效果

10.3　创建和编辑蒙版对象

图层蒙版可以很好地控制图层区域的显示或隐藏，可以在不破坏图像的情况下反复编辑图像，直至得到所需要的效果，使修改图像和创建复杂选区变得更加方便，因此，图层蒙版是进行图像合成最常用的手段。

10.3.1　创建快速蒙版

快速创建蒙版模式可以将任意选区作为蒙版进行编辑。图 10–28 为素材图像，选取磁性套索工具，在图像编辑窗口中创建选区，单击工具箱底部的“以快速蒙版模式编辑”按钮，在图像编辑窗口中创建快速蒙版，效果如图 10–29 所示。

图10–28　创建选区

图10–29　创建快速蒙版

10.3.2　编辑快速蒙版

在 Photoshop　CS6 中编辑图像时，在“快速蒙版模式编辑”状态下红色代表选择区域，用户可以运用画笔工具进行添加选区的操作。

	素材文件	光盘 \ 素材 \ 第 10 章 \ 相框 .jpg
	效果文件	光盘 \ 效果 \ 第 10 章 \ 相框 .psd
	视频文件	光盘 \ 视频 \ 第 10 章 \10.3.2　编辑快速蒙版 .mp4

步骤 01 单击“文件”|“打开”命令，打开随书附带光盘的“素材 \ 第 10 章 \ 相框 .jpg”素材图像，如图 10–30 所示。

步骤 02 设置前景色为黑色，选取画笔工具，单击工具箱底部的“以快速蒙版模式编辑”按钮，在图像中涂抹不需要进行选区的部分，单击工具箱底部的“以标准模式编辑”按钮 ，切换至正常编辑状态，即可添加选区，如图 10–31 所示。

图10–30　素材图像

图10–31　添加选区

10.3.3　创建矢量蒙版

矢量蒙版是由钢笔、自定形状等矢量工具创建的蒙版（图层蒙版和剪贴蒙版都基于像素的蒙版），矢量蒙版与分辨率无关。无论图像本身的分辨率是多少，只要运用了矢量蒙版，均可以得到平滑的轮廓。

图 10−32 所示为素材图像，选取钢笔工具，在工具属性栏上选择“路径”选项，沿着字母边缘绘制闭合路径，效果如图 10−33 所示。

图10−32　素材图像

图10−33　绘制闭合路径

展开“图层”面板，选择“图层 1”图层，单击“图层”|“矢量蒙版”|“当前路径”命令，执行上述操作后，即可为“图层 1”图层添加一个矢量蒙版，如图 10−34 所示，单击“编辑”|“自由变换”命令，调出变换控制框，调整字母的大小和位置，在“路径”面板的空白处，单击，即可取消路径的选择，得到最终效果如图 10−35 所示。

图10−34　添加矢量蒙版

图10−35　取消路径选择

10.3.4　删除矢量蒙版

在 Photoshop　CS6 中，如果用户不再需要创建的矢量蒙版，可以将其删除。图 10−36 所示为素材图像，单击“图层”|“矢量蒙版”|“删除”命令，即可删除矢量蒙版，效果如图 10−37 所示。

图10−36　素材图像

图10−37　删除矢量蒙版

10.3.5　通过选区创建图层蒙版

在 Photoshop CS6 中，如果当前图像存在选区，用户可以根据需要将选区转换为图层蒙版。图 10–38 所示为素材图像，选择“图层 1”图层，选取套索工具，在图像编辑窗口中创建一个心形选区，效果如图 10–39 所示。

图10–38　素材图像

图10–39　创建心形选区

按【Shift + F6】组合键，弹出“羽化选区”对话框，设置“羽化半径”为 10，如图 10–40 所示，设置完成后，单击“确定”按钮，在“图层”面板中，单击底部的“添加图层蒙版”按钮，即可直接创建图层蒙版，效果如图 10–41 所示。

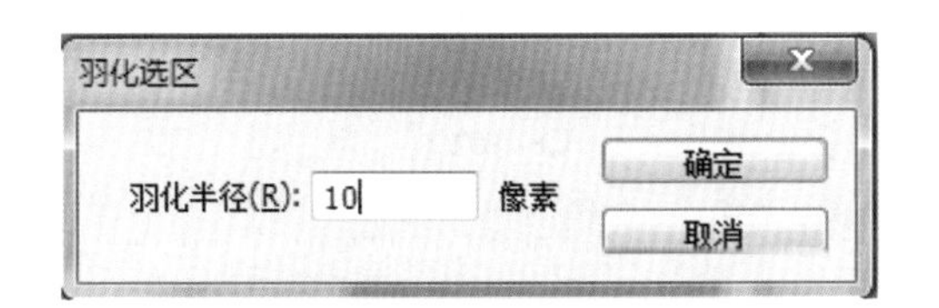

图10–40　设置羽化半径

图10–41　创建图层蒙版

10.3.6　直接创建图层蒙版

在 Photoshop CS6 中，图像当前不存在选区的情况下时，用户可以直接为某个图层添加图层蒙版。图 10–42 所示为素材图像，展开“图层”面板，单击“图层”面板中的“添加图层蒙版”按钮，为该图层添加蒙版，如图 10–43 所示。

设置前景色为黑色，选取画笔工具，在图像窗口中涂抹，效果如图 10–44 所示。

图10–42　素材图像

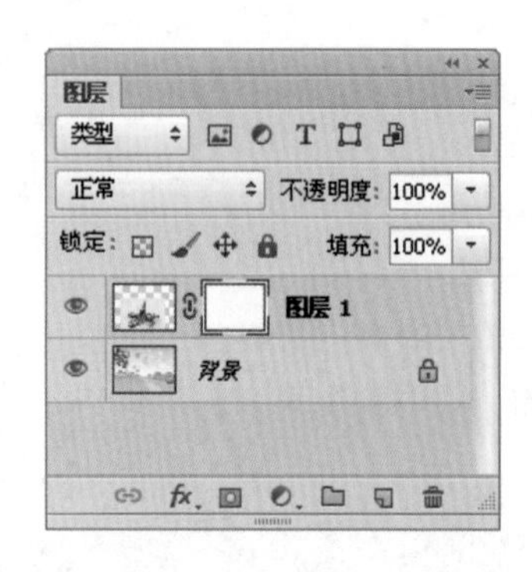

图10-43　添加图层蒙版

图10-44　创建图层蒙版效果

10.4　应用与转换蒙版对象

在 Photoshop CS6 中编辑图像时，用户可以根据需要互相转换图层蒙版、矢量蒙版和选区。

10.4.1　取消图层与图层蒙版链接

在 Photoshop CS6 中，用户可以根据需要取消图层与图层蒙版链接的操作。在操作界面中，展开“图层”面板，单击“图层”面板中的“指示图层蒙版链接到图层”图标，如图 10-45 所示，即可取消图层与图层蒙版的链接，如图 10-46 所示。

图10-45　移动鼠标

图10-46　取消图层与图层蒙版的链接

10.4.2　链接图层与图层蒙版链接

在 Photoshop CS6 中，链接图层与图层蒙版链接的操作方法很简单，如果图层与图层蒙版未被链接，单击“图层”面板中的“指示图层蒙版链接到图层”图标，即可链接图层与图层蒙版的链接。

10.4.3　将图层蒙版转换为选区

在 Photoshop CS6 中，用户可以根据工作需要将图层蒙版转换为选区，如图 10-47 所示为素材图像，在“图层”面板中选择“图层 0”图层，单击面板底部的“添加图层蒙版”按钮创建图层蒙版，如图 10–48 所示。

图10–47　素材图像

图10–48　创建图层蒙版

设置前景色为黑色，选取画笔工具，涂抹玫瑰花以外的图像，效果如图 10–49 所示，右击“图层”面板中的“图层 0”蒙版缩略图，在弹出的快捷菜单中选择“添加蒙版到选区”选项，执行上述操作后，即可将图层蒙版转换为选区，效果如图 10–50 所示。

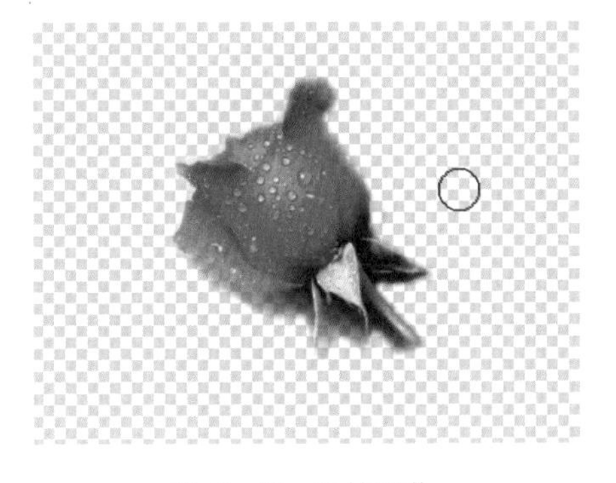

图10–49　涂抹图像

图10–50　图层蒙版转换为选区

10.4.4　将矢量蒙版转换为图层蒙版

在 Photoshop CS6 中，用户可以根据需要将图像的矢量蒙版转换成图层蒙版。

	素材文件	光盘 \ 素材 \ 第 10 章 \ 玫瑰 .jpg
	效果文件	光盘 \ 效果 \ 第 10 章 \ 玫瑰 .psd
	视频文件	光盘 \ 视频 \ 第 10 章 \10.4.3　将图层蒙版转换为选区 .mp4

步骤 01 单击“文件”|“打开”命令，打开随书附带光盘的“素材 \ 第 10 章 \ 图标 .psd”素材图像，如图 10–51 所示。

步骤 02 右击“图层”面板中的“形状 1”矢量蒙版缩览图，在弹出的快捷菜单中选择“栅格化矢量蒙版”选项，执行上述操作后，即可将图像的矢量蒙版转换为图层蒙版，最终效果如图 10–52 所示。

图10-51　素材图像

图10-52　矢量蒙版转换为图层蒙版

10.5　综合案例——制作城市薄雾晨曦效果

以制作城市薄雾晨曦效果为例，进一步学习如何应用蒙版美化图像。

10.5.1　调整图层蒙版区域

在 Photoshop　CS6 中，用户可以应用蒙版调整图层区域，从而使图像间的合成更融合，其操作如下。

	素材文件	光盘 \ 素材 \ 第 10 章 \ 薄雾晨曦 .psd
	效果文件	无
	视频文件	光盘 \ 视频 \ 第 10 章 \10.5.1　调整图层蒙版区域 .mp4

步骤 01 单击“文件”|“打开”命令，打开随书附带光盘的“素材 \ 第 10 章 \ 薄雾晨曦 .psd”素材图像，如图 10-53 所示。

步骤 02 在“图层”面板中选择“图层 5”中的蒙版，在工具箱中设置“前景色”为黑色（RGB 参数值均为 0）；选取工具箱中的画笔工具，在工具属性栏中设置画笔的各属性，在图像编辑窗口中适当涂抹图像，绘制完成后，图像编辑窗口中调整图层区域后的图像效果如图 10-54 所示。

图10-53　素材图像

图10-54　涂抹图像

10.5.2　通过图层蒙版合成图像

在 Photoshop　CS6 中，用户可以将通道创建的复杂选区载入到图像中，可以将选区转换为蒙版。

	素材文件	光盘 \ 素材 \ 第 10 章 \ 城市 .jpg、上一例效果文件
	效果文件	无
	视频文件	光盘 \ 视频 \ 第 10 章 \10.5.2　添加图层图案效果 .mp4

步骤 01 单击“文件”|“打开”命令，打开随书附带光盘的“素材 \ 第 10 章 \ 城市”素材图像，如图 10–55 所示。

步骤 02 确认“城市 .jpg”图像为当前编辑窗口，将该窗口中的图像拖动至“上一例效果文件”图像编辑窗口中形成“图层 6”图层，并拖动至合适位置效果如图 10–56 所示。

图10–55　素材图像

图10–56　拖动素材图像

步骤 03 单击“图层”面板底部的“添加图层蒙版”按钮，添加蒙版，运用黑色的画笔工具在图像中适当涂抹，隐藏部分图像，并将“图层 6”图层移到“图层 5”图层的上方，效果如图 10–57 所示。

图10–57　通过图层蒙版合成的图像

10.5.3　调整图像色彩

在 Photoshop CS6 中，用户可以通过“色相 / 饱和度”命令来进行对图像色彩的调整。

	素材文件	上一例效果文件
	效果文件	光盘 \ 效果 \ 第 10 章 \ 城市薄雾晨曦 .psd
	视频文件	光盘 \ 视频 \ 第 10 章 \10.5.3　调整图像色彩 .mp4

步骤 01 在“图层”面板中选择“图层 3”图层，单击“图像”|“调整”|“色相 / 饱和度”命令，弹出“色相 / 饱和度”对话框，设置“色相”为 16，“饱和度”为 26，“明度”为 32，如图 10–58 所示。

步骤 02 单击“确定”按钮，即可调整图像色彩，如图 10–59 所示。

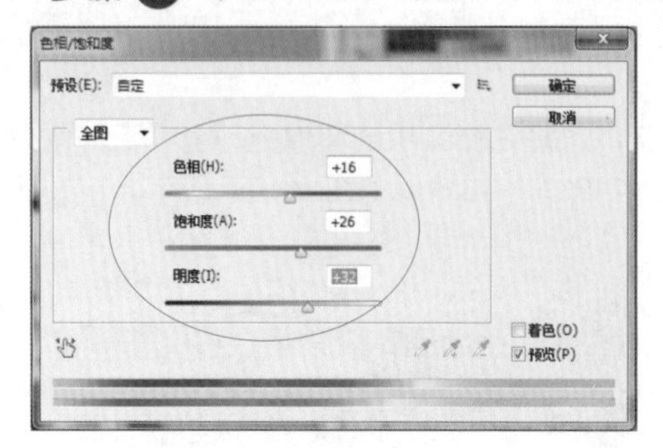

图10–58 设置“色相/饱和度”对话框

图10–59 调整图像色彩

本章小结

本章主要学习通道与蒙版的应用，其中包括了解不同通道类型、通道的基本操作、蒙版的创建和编辑、蒙版的应用与转换等内容。

课后习题

鉴于本章知识的重要性，为帮助用户更好地掌握所学知识，通过课后习题对本章内容进行简单的知识回顾。

	素材文件	光盘 \ 素材 \ 第 10 章 \ 课后习题 \ 青柠檬 .jpg
	效果文件	光盘 \ 效果 \ 第 10 章 \ 课后习题 \ 青柠檬 .psd
	学习目标	掌握保存选区至通道的操作方法

本习题需要让素材文字产生立体感，素材如图 10–60 所示，最终效果如图 10–61 所示。

图10–60 素材图像

图10–61 完成保存选区至通道

第11章

滤镜特效精彩应用

本章引言

滤镜是一种插件模块，能对图像中的像素进行操作，也可以模拟一些特殊的光照效果或带有装饰的纹理效果。Photoshop CS6 提供了多种滤镜效果，且功能十分强大，合理的应用滤镜，可以制作出绚丽的图像效果。

本章将讲解滤镜应用基础、使用智能与特色滤镜等相关内容。

本章主要内容

- 11.1　滤镜应用基础
- 11.2　使用智能与特殊滤镜
- 11.3　使用“模糊”与“像素化”滤镜组
- 11.4　使用“杂色”与“扭曲”滤镜组
- 11.5　综合案例——制做光碟效果

11.1 滤镜应用基础

在Photoshop CS6中滤镜是一种美化图像的功能，它以模拟光照效果为原理，提供不同类型的滤镜效果，让用户能合理地应用滤镜处理图像，快速地制作出合适的图像效果。

11.1.1 滤镜的基本原则

在Photoshop CS6中，所有的滤镜都有相同之处，掌握好相关的操作要领，才能更加准确地、有效地使用各种滤镜特效。

掌握滤镜的使用原则是必不可少的，其具体内容如下：

- 上一次使用的滤镜显示在“滤镜”菜单面板顶部，再次单击该命令或按【Ctrl + F】组合键，可以相同的参数应用上一次的滤镜，按【Ctrl + Alt + F】组合键，可打开相应的滤镜对话框。
- 滤镜可应用于当前选择范围、当前图层或通道，若需要将滤镜应用于整个图层，则不要选择任何图像区域或图层。
- 部分滤镜只对RGB颜色模式图像起作用，而不能将该滤镜应用于位图模式或索引模式图像，也有部分滤镜不能应用于CMYK颜色模式图像。
- 部分滤镜是在内存中进行处理的，因此，在处理高分辨率或尺寸较大的图像时非常消耗内存，甚至会出现内存不足的信息提示。

11.1.2 使用滤镜的方法和技巧

Photoshop CS6中的滤镜种类多样，功能和应用也各不相同。因此，所产生的效果也不尽相同。

1. 使用滤镜的方法

在应用滤镜的过程中，使用快捷键十分地方便：

- 按【Esc】键，可以取消当前正在操作的滤镜。
- 按【Ctrl + Z】组合键，可以还原滤镜操作执行前的图像。
- 按【Ctrl + F】组合键，可以再次应用滤镜。
- 按【Ctrl + Alt + F】组合键，可以弹出上一次应用的滤镜对话框。

2. 使用滤镜的技巧

滤镜的功能非常强大，掌握以下使用技巧可以提高工作效率：

- 在图像的部分区域应用滤镜时，可创建选区，并对选区设置羽化值，再使用滤镜，以使选区图像与源图像较好的融合。
- 可以对单独的某一图层中的图像使用滤镜，通过色彩混合合成图像。
- 可以对单一色彩通道或Alpha通道使用滤镜，然后合成图像，或者将Alpha通道中的滤镜效果应用到主图像中。

- 可以将多个滤镜组合使用，从而制作出漂亮的效果。
- 一般在工具箱中设置前景色和背景色，不会对滤镜命令的使用产生作用，不过在滤镜组中有些滤镜是例外的，它们创建的效果是通过使用前景色或背景色来设置的。所以在应用这些滤镜前，需要先设置好当前的前景色和背景色的色彩。

11.1.3　认识滤镜库

在 Photoshop CS6 中，用户可以单击“滤镜”|“滤镜库”命令进入“滤镜库”对话框，如图 11-1 所示。

图11-1　“滤镜库”对话框

在滤镜库中含有以下要素：

- 预览区：用来预览滤镜效果。
- 缩放区：单击⊞按钮，可放大预览区图像的显示比例；单击⊟按钮，则缩小显示比例。单击文本框右侧的下拉按钮，即可在打开的下拉菜单中选择显示比例。
- 显示／隐藏滤镜缩览图：单击该按钮，可以隐藏滤镜组，将窗口空间留给图像预览区，再次单击则显示滤镜组。
- 弹出式菜单：单击按钮，可在打开的下拉菜单中选择一个滤镜。
- 参数设置区：“滤镜库”中共包含 6 组滤镜，单击滤镜组前的▶按钮，可以展开该滤镜组；单击滤镜组中的滤镜可使用该滤镜，与此同时，右侧的参数设置内会显示该滤镜的参数选项。
- 效果图层：显示当前使用的滤镜列表。单击“眼睛”图标可以隐藏或显示滤镜。
- 当前使用的滤镜：显示当前使用的滤镜。

11.1.4 滤镜效果图层的操作

如果用户需要添加滤镜效果图层，可以在“参数设置区”的下方单击“新建效果图层”按钮，此时所添加的新滤镜效果图层延续上一个滤镜图层的参数，如图 11–2 所示。

图11–2　添加滤镜效果图层

11.2 使用智能与特殊滤镜

智能滤镜是 Photoshop　CS6 中的一个强大功能。用户在 Photoshop　CS6 中使用智能滤镜功能时，用户可以除去栅格化图层的步骤，还能对所添加的滤镜进行反复修改，大大降低了执行滤镜的复杂程度。除此之外，在 Photoshop　CS6 中还具有特殊滤镜功能，特殊滤镜是相对众多滤镜组中的滤镜而言的，其相对独立，且功能强大，使用频率也非常高。

11.2.1 创建智能滤镜

智能对象图层主要是由以下两个部分组成：

- 智能滤镜列表：用来显示智能滤镜图层中当前应用的滤镜名称。
- 智能蒙版：用来隐藏智能滤镜对图像的处理效果。

下面就来了解创建智能滤镜的操作。

	素材文件	光盘 \ 素材 \ 第 11 章 \ 岛屿 .psd
	效果文件	光盘 \ 效果 \ 第 11 章 \ 岛屿 .psd
	视频文件	光盘 \ 视频 \ 第 11 章 \11.2.1　创建智能滤镜 .mp4

步骤 01 单击“文件” | “打开”命令，打开随书附带光盘的“素材 \ 第 11 章 \ 岛屿 .psd”素材图像，如图 11–3 所示。

步骤 02 选择“图层 1”图层，右击，在弹出的快捷菜单中，选择“转换为智能对象”选项，将图像转换为智能对象，如图 11–4 所示。

图11–3　素材图像

图11–4　转换为智能对象

步骤 03 单击“滤镜”|“扭曲”|“水波”命令，弹出“水波”对话框，设置各选项，如图 11–5 所示。

步骤 04 单击“确定”按钮，生成一个对应的智能滤镜图层，图像编辑窗口中的图像效果也随之改变，效果如图 11–6 所示。

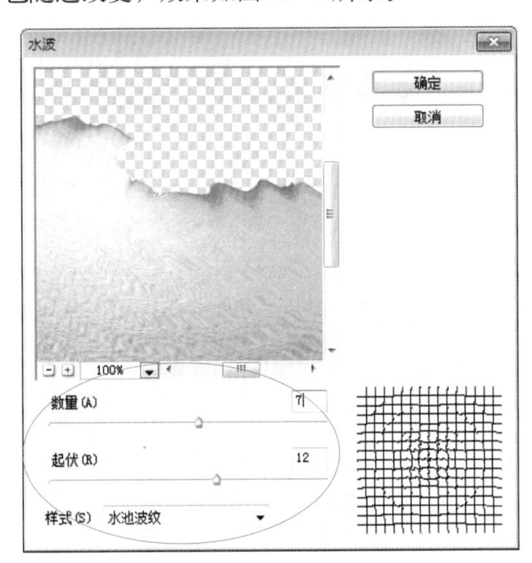

图11–5　设置各选项

图11–6　最终效果

11.2.2　编辑智能滤镜

在 Photoshop CS6 中为图像创建智能滤镜后，可以根据需要反复编辑所应用的滤镜参数。图 11–7 所示为素材图像，展开“图层”面板，将鼠标指针移至“背景 副本”中的“粗糙蜡笔”滤镜效果名称上，如图 11–8 所示。

图11-7　素材图像

图11-8　移动鼠标指针

双击，弹出“粗糙蜡笔”对话框，在其中设置“描边长度”为40，“描边细节”为15，如图11-9所示，设置完成后，单击“确定”按钮，即可完成滤镜的编辑，且图像效果随之改变，如图11-10所示。

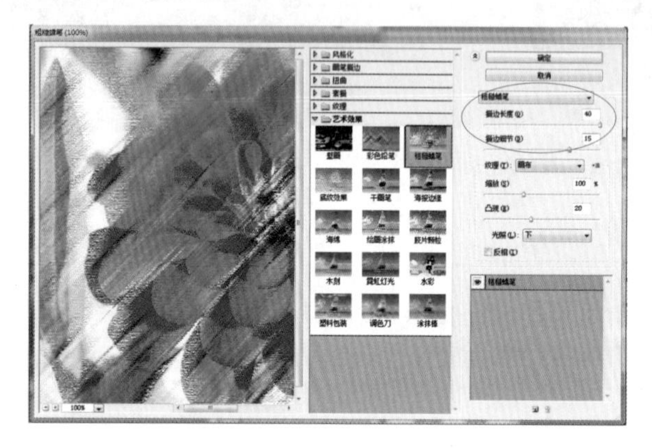

图11-9　设置相应参数

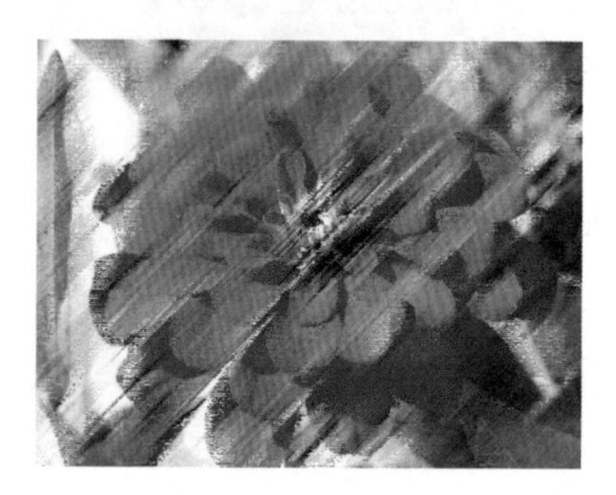

图11-10　编辑滤镜效果

11.2.3　停用或启用智能滤镜

在Photoshop　CS6中，停用或启用智能滤镜可分为两种操作，即对所有的智能滤镜操作和对单独某个智能滤镜操作。

图11-11所示为素材图像，展开“图层”面板，单击“图层”面板中“球面化”智能滤镜左侧的“切换单个智能滤镜可见性”图标，如图11-12所示。

图11-11　素材图像

图11-12　单击相应图标

执行上述操作后，即可停用智能滤镜，效果如图 11−13 所示，在“图层”面板中，再次单击“球面化”|“切换单个智能滤镜可见性”图标，即可启用智能滤镜，效果如图 11−14 所示。

图11−13　停用智能滤镜

图11−14　启用智能滤镜

提示

除了上述停用/启用智能滤镜的操作方法外，还有以下两种方法:

• 单击“图层”|“智能滤镜”|“停用智能滤镜”或“启用智能滤镜”命令。

• 在智能滤镜效果名称上右击，在弹出的快捷菜单中选择“停用智能滤镜”或“启用智能滤镜”选项。

11.2.4　删除智能滤镜

如果要删除一个智能滤镜，可直接在该滤镜名称上右击，在弹出的菜单中选择“删除智能滤镜”命令，或者直接将要删除的滤镜拖动至“图层”面板底部的删除图层命令按钮上。

	素材文件	光盘 \ 素材 \ 第 11 章 \ 铅笔 .psd
	效果文件	光盘 \ 效果 \ 第 11 章 \ 铅笔 .psd
	视频文件	光盘 \ 视频 \ 第 11 章 \11.2.4　删除智能滤镜 .mp4

步骤 01 单击“文件”|“打开”命令，打开随书附带光盘的“素材 \ 第 11 章 \ 铅笔 .psd”素材图像，如图 11−15 所示。

步骤 02 展开“图层”面板，选择“背景　副本”图层，在“波浪”智能滤镜上右击，在弹出的快捷菜单中选择“删除智能滤镜”选项，执行上述操作后，即可删除智能滤镜，效果如图 11−16 所示。

图11−15　素材图像

图11−16　删除智能滤镜效果

11.2.5 液化滤镜

在Photoshop CS6中，使用“液化”滤镜可以逼真地模拟液化流动的效果，通过它用户可以对图像调整弯曲、旋转、扩展和收缩等效果。图11–17所示为素材图像，在菜单栏上单击“滤镜”|“液化”命令，弹出“液化”对话框，设置相关选项，如图11–18所示。

提示

在Photoshop中，“液化”命令不能在索引模式、位图模式和多通道色彩模式的图像中使用，只能在RGB模式下使用。

图11–17 素材图像

图11–18 “液化”对话框

选取向前变形工具，将鼠标指针移至图像预览框的合适位置，拖动，对图像进行涂抹，使图像变形，如图11–19所示，单击“确定”按钮，即可将预览窗口中的液化变形应用到图像编辑窗口的图像上，效果如图11–20所示。

图11–19 使图像变形

图11–20 最终效果

11.2.6　消失点滤镜

在 Photoshop　CS6 中，使用“消失点”滤镜可以自定义透视参考框，从而将图像复制、转换或移动到透视结构上。可以在图像中指定平面，应用绘画、仿制、复制、粘贴及变换等编辑操作。

图 11－21 所示为素材图像，单击“滤镜”|“消失点”命令，弹出“消失点”对话框，单击“创建平面工具”按钮，在图像编辑窗口中的合适位置，连续单击，创建一个透视矩形框，并适当地调整透视矩形框，如图 11－22 所示。

图11－21　素材图像

图11－22　创建透视矩形选框

单击“选框工具”按钮，在透视矩形框中拖动，创建一个透视矩形选框，按住【Alt】键的同时，向下拖动选框，效果如图 10－23 所示，单击“确定”按钮，即可为图像添加消失点滤镜效果，如图 10－24 所示。

图11－23　移动矩形选框

图11－24　添加消失点滤镜

11.3 使用“模糊”与“像素化”滤镜组

在Photoshop CS6中“模糊”滤镜是一组很常用的滤镜，主要作用是削弱相邻像素间的对比度，达到柔化图像的效果，它主要对颜色变化较强区域的像素使用平均化的手段来达到模糊效果；“像素化”滤镜主要用来将图像平均分配色度，使单元格中颜色相近的像素结成块，用来清晰地定义一个选区，从而使图像产生点状、马赛克及碎片等效果。

11.3.1 高斯模糊效果

“高斯模糊”滤镜可以通过控制模糊半径对图像进行模糊效果处理。该滤镜可用来添加低频细节，并产生一种朦胧效果。

	素材文件	光盘 \ 素材 \ 第 11 章 \ 珠子 .jpg
	效果文件	光盘 \ 效果 \ 第 11 章 \ 珠子 .psd
	视频文件	光盘 \ 视频 \ 第 11 章 \11.3.1 高斯模糊效果 .mp4

步骤 01 单击“文件”|“打开”命令，打开随书附带光盘的“素材 \ 第 11 章 \ 珠子 .jpg”素材图像，如图 11-25 所示。

步骤 02 单击“滤镜”|“模糊”|“高斯模糊”命令，弹出“高斯模糊”对话框，设置“半径”为 5，单击“确定”按钮，即可为图像添加高斯模糊效果，如图 11-26 所示。

图11-25 素材图像

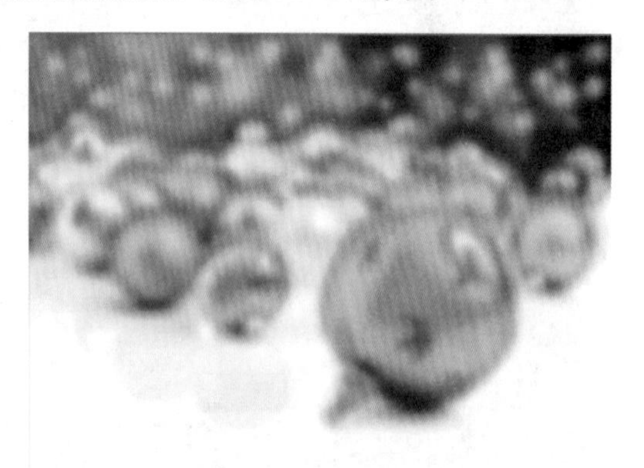

图11-26 高斯模糊效果

提示

“高斯模糊”滤镜可以通过控制模糊半径对图像进行编辑，该对话框中的半径值决定了图像的模糊程度，数值越大，模糊越强烈；数值越小，模糊越微弱。

11.3.2 马赛克效果

在“像素化”滤镜组中，“马赛克”滤镜可以将画面分割成若干形状的小块，并在小块之间增加深色的缝隙。

图 11−27 所示为素材图像，在菜单栏上单击“滤镜”|“像素化”|“马赛克”命令，弹出“马赛克”对话框，设置“单元格大小”为 9，单击“确定”按钮，即可为图像添加马赛克效果，如图 11−28 所示。

图11−27　素材图像

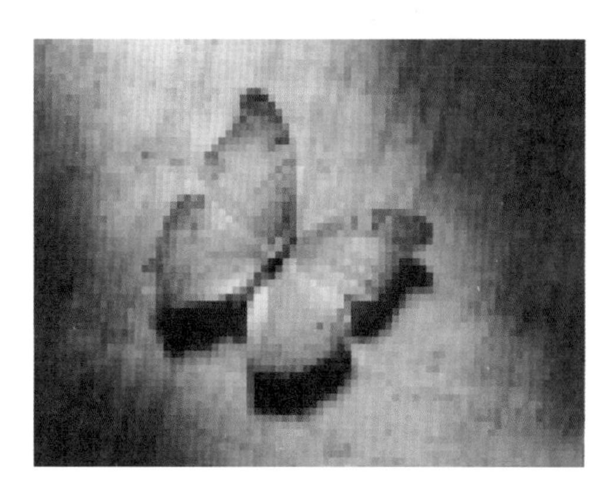

图11−28　马赛克效果

11.3.3　点状化效果

“点状化”滤镜可将图像中的颜色分解为随机分布的网点，如同点状绘画一样，并使用背景色作为网点之间的画布区域，以产生点画的效果。

图 11−29 所示为素材图像，在菜单栏上单击“滤镜”|“像素化”|“点状化”命令，弹出“点状化”对话框，设置“单元格大小”为 3，单击“确定”按钮，即可为图像添加点状化效果，如图 11−30 所示。

图11−29　素材图像

图11−30　点状化效果

11.3.4 彩色半调效果

“彩色半调”滤镜是在图像的每个通道上使用放大的半调网屏的效果。对于每个通道，滤镜均将图像划分为矩形，并用圆形替换每个矩形。圆形的大小与矩形的亮度成比例。

图 11−31 所示为素材图像，在菜单栏上单击“滤镜”|“像素化”|“彩色半调”命令，弹出“彩色半调”对话框，设置“最大半径”为 8，单击“确定”按钮，即可为图像添加彩色半调效果，如图 11−32 所示。

图11-31 素材图像

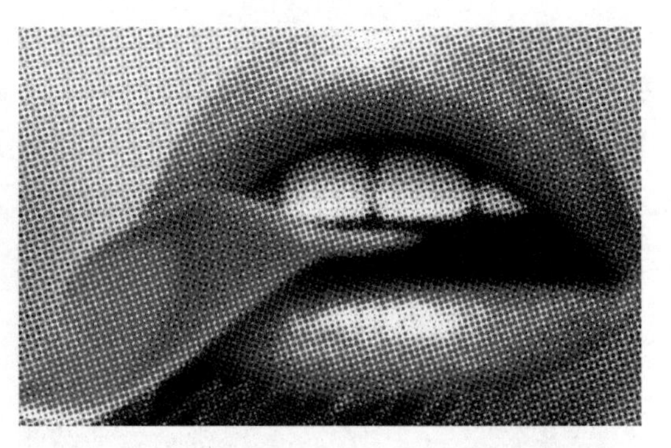

图11-32 彩色半调效果

11.4 使用“杂色”与“扭曲”滤镜组

在Photoshop CS6中，应用“杂色”滤镜可以减少图像中的杂点，也可以增加杂点，从而使图像混合时产生色彩漫散的效果；“扭曲”滤镜主要是将图像按照一定的方式进行扭曲变形，应用该滤镜可以使图像产生水波、镜面、球面等扭曲效果。

11.4.1 中间值效果

在“杂色”滤镜组中的“中间值”滤镜，可以通过混合选区中像素的亮度来减少图像的杂色。

	素材文件	光盘 \ 素材 \ 第 11 章 \ 笔屑 .jpg
	效果文件	光盘 \ 效果 \ 第 11 章 \ 笔屑 .psd
	视频文件	光盘 \ 视频 \ 第 11 章 \11.3.1 高斯模糊效果 .mp4

步骤 01 单击“文件”|“打开”命令，打开随书附带光盘的“素材 \ 第 11 章 \ 笔屑 .jpg”素材图像，如图 11-33 所示。

步骤 02 在菜单栏上单击“滤镜”|“杂色”|“中间值”命令，弹出“中间值”对话框，设置“半径”为 8，单击“确定”按钮，即可为图像添加中间值效果，如图 11-34 所示。

图11-33 素材图像

图11-34 添加中间值效果

11.4.2 添加杂色效果

“添加杂色”滤镜可在图像中应用随机图像像素产生颗粒状效果。

图 11–35 所示为素材图像，在菜单栏上单击“滤镜”|“杂色”|“添加杂色”命令，弹出“添加杂色”对话框，设置“数量”为 30，单击“确定”按钮，即可为图像添加杂色效果，如图 11–36 所示。

图11–35 素材图像

图11–36 添加杂色效果

11.4.3 切变效果

“切变”滤镜是沿一条曲线扭曲图像。在“切变”对话框中，可以通过拖动框中的线条添加节点来设定扭曲曲线形状。

图 11–37 所示为素材图像，在菜单栏上单击“滤镜”|“扭曲”|“切变”命令，弹出“切变”对话框，添加各节点，单击“确定”按钮，为图像添加切变效果，如图 11–38 所示。

图11–37 素材图像

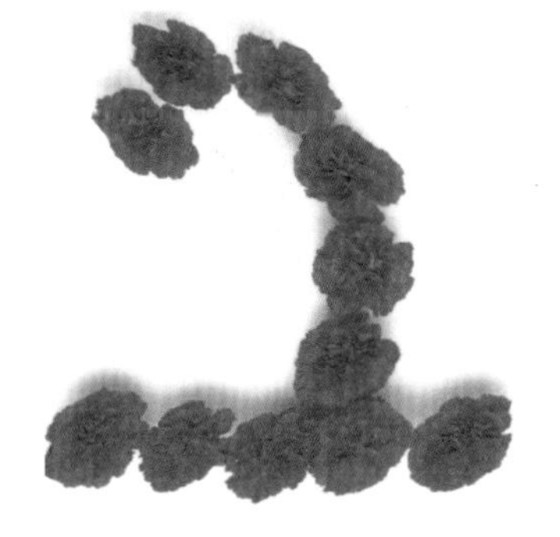

图11–38 切变效果

提示

在“切变”对话框中，沿一条曲线扭曲图像，通过拖动框中的线条来指定曲线，可以调整曲线上的任何一点。

11.4.4 极坐标效果

"极坐标"滤镜可使图像坐标从平面坐标转换为极坐标，或从极坐标转换为平面坐标，产生一种图像极度变形的效果。

图 11−39 所示为素材图像，在菜单栏上单击"滤镜"|"扭曲"|"极坐标"命令，弹出"极坐标"对话框，单击"平面坐标到极坐标"选项，单击"确定"按钮，为图像添加极坐标效果，如图 11−40 所示。

图11−39 素材图像

图11−40 极坐标效果

11.4.5 球面化效果

在 Photoshop CS6 中，"球面化"滤镜是通过将选区膨胀成球形、扭曲图像以及伸展图像，使对象具有 3D 效果。

图 11−41 所示为素材图像，在菜单栏上单击"滤镜"|"扭曲"|"球面化"命令，弹出"球面化"对话框，设置"数量"为 100，单击"确定"按钮，即可为图像添加球面化效果，如图 11−42 所示。

图11−41 素材图像

图11−42 球面化效果

提示

在"切变"对话框中，沿一条曲线扭曲图像，通过拖动框中的线条来指定曲线，可以调整曲线上的任何一点。

11.5 综合案例——制作光碟效果

以制作光碟效果为例，进一步学习运用自定形状工具绘制路径形状、复制路径、填充路径颜色。

11.5.1 创建圆形选区

在 Photoshop CS6 中用户可以通过创建选区，来指定对图像中某一部分进行调整。

素材文件	光盘 \ 素材 \ 第 11 章 \ 火焰光盘 .jpg
效果文件	无
视频文件	光盘 \ 视频 \ 第 11 章 \11.5.1　设置图像边界 .mp4

步骤 01 单击“文件”|“打开”命令，打开随书附带光盘的“素材 \ 第 11 章 \ 火焰光碟 .jpg”素材图像，如图 11–43 所示。

步骤 02 选取椭圆选框工具，将鼠标指针移至图像编辑窗口中的合适位置，创建一个与光碟一样大小的圆形选区，如图 11–44 所示。

图11–43　素材图像

图11–44　创建选区

11.5.2 反向与羽化选区

在 Photoshop CS6 中用户可以通过反向选区来快速选定选区外的图像，且用“羽化”命令让图片之间更加融合。

素材文件	上一例效果
效果文件	无
视频文件	光盘 \ 视频 \ 第 11 章 \11.5.2　反向与羽化选区 .mp4

步骤 01 单击“选择”|“反向”命令，使选区进行反向，如图 11–45 所示。

步骤 02 单击“选择”|“修改”|“羽化”命令，在弹出的对话框中设置“羽化半径”为 10，单击“确定”按钮，羽化选区，如图 11–46 所示。

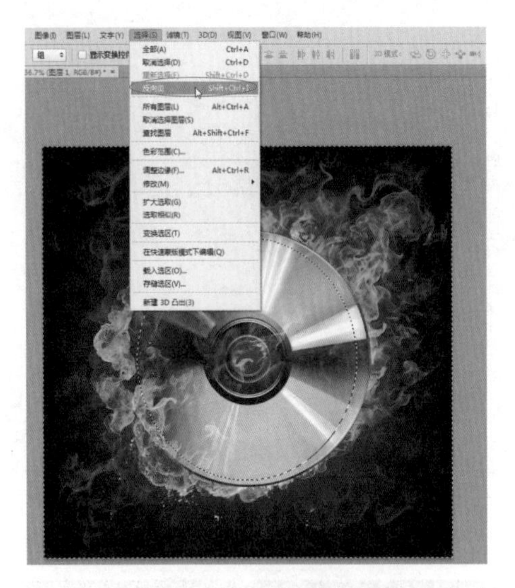

图14-45　进行反向操作

图14-46　羽化选区

11.5.3　进行径向模糊操作

在 Photoshop　CS6 中应用“径向模糊”命令，可以使图像中清晰或对比度较强烈的区域，产生模糊的效果。

	素材文件	上一例效果
	效果文件	光盘＼效果＼第 11 章＼光碟 .psd
	视频文件	光盘＼视频＼第 11 章＼11.5.3　进行径向模糊操作 .mp4

步骤 01 单击“滤镜”|“模糊”|“径向模糊”命令，弹出“径向模糊”对话框，设置“数量”为 40，选中“缩放”和“最好”单选按钮，如图 11-47 所示。

步骤 02 单击“确定”按钮，即可将“径向模糊”滤镜应用于图像中，按【Ctrl + D】组合键取消选区，效果如图 11-48 所示。

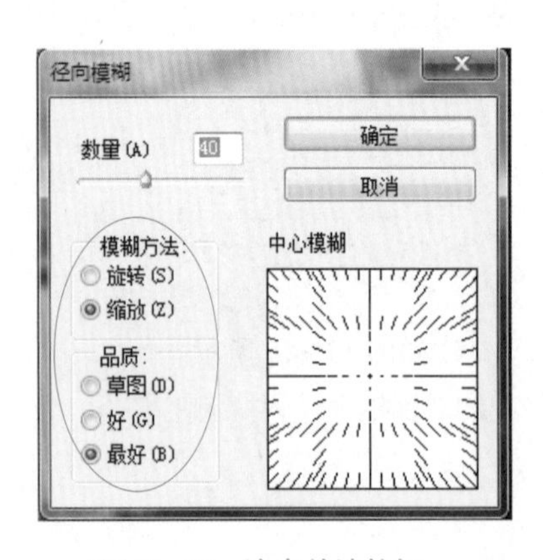

图11-47　选中单选按钮

图11-48　图像效果

本章小结

本章主要学习各种滤镜的操作方法，先对滤镜的使用原则进行讲解，再通过智能滤镜、特殊滤镜和常用滤镜组的操练，将各种滤镜效果以合适的方法应用于图像中，以制作特殊的图像效果。

课后习题

鉴于本章知识的重要性，为帮助用户更好地掌握所学知识，通过课后习题对本章内容进行简单的知识回顾。

素材文件	光盘＼素材＼第 11 章＼课后习题＼花 .jpg
效果文件	光盘＼效果＼第 11 章＼课后习题＼花 .psd
学习目标	掌握应用马赛克效果的操作方法

本习题需要将素材变为马赛克“单元格大小”为 4 的图像，素材如图 11-49 所示，最终效果如图 11-50 所示。

图11-49　素材图像

图11-50　效果图

第12章

3D演绎与自动化应用

学习提示

Photoshop CS6 添加了用于创建和编辑 3D，以及基于动画的内容的突破性工具，提供自动化功能，将编辑图像的许多步骤简化为一个动作，极大地提高设计师们的工作效率。

本章将讲解 3D 基本特性、查看与编辑 3D 面板、创建与导出 3D 图层等相关内容。

本章重点知识

- 12.1 了解 3D 基本特性
- 12.2 查看与编辑 3D 面板
- 12.3 创建与导出 3D 图层
- 12.4 创建与编辑动作
- 12.5 综合案例——制作暴风雪相框效果

12.1　了解 3D 基本特性

在 Photoshop CS6 中，可以打开并使用 Adobe Acrobat 3D Version 8、3D StuDio Max、Alias、Maya 和 Google Earth 等格式的 3D 文件。

12.1.1　3D 的概念与作用

在 Photoshop CS6 中，用户首先需要了解和掌握 3D 的概念与作用，才能使用 Photoshop 中的 3D 功能做出漂亮的三维图形。

1. 3D 的概念

3D 又称三维，与二维相比它是比较立体的，且光线、阴影都是真实存在的，它可以从各个角度进行展现，可谓是包含了 360 度的信息。图 12-1 所示为 Photoshop 处理后的三维图形。

图12-1　三维图形

2. 3D 的作用

随着科技的发展，3D 技术运用非常广泛，它是工业界与文化创意产业广泛应用的基础性、战略性工具技术，嵌入到了现代工业与文化创意产业的整个流程，其包括：

- 工业设计。
- 模具设计。
- 虚拟现实。
- 影视动漫。

12.1.2 3D 的特性与工具

在 Photoshop CS6 中，只有熟练掌握了 3D 功能的特性、3D 工具的使用，才能通过 Photoshop 制作出满意的 3D 效果图像。

1. 3D 的特性

3D 之所以可以在电脑屏幕上体现出立体感，是因为它利用了色彩学的有关知识，用色彩颜色的搭配，使人人眼产生视觉上的错觉，从而才能让人们看到立体感的图像。

2. 3D 的工具

选择 3D 图层时，3D 工具将变成可使用状态。使用 3D 对象工具可以变更 3D 模型的位置或缩放大小。图 12-2 所示为 3D 对象工具属性栏。

图12-2 3D对象工具属性栏

3D 对象工具属性栏中所包含的工具如下：

- 旋转 3D 对象工具：上下拖动可将模型绕着其 X 轴旋转，左右拖动则可将模型绕着 Y 轴旋转。
- 滚动 3D 对象工具：左右拖动可以将模型绕着 Z 轴旋转。
- 拖动 3D 对象工具：左右拖动可以水平移动模型，上下拖动则可垂直移动。
- 滑动 3D 对象工具：左右拖动可以水平移动模型，上下拖动则可拉远或拉近模型。
- 缩放 3D 对象工具：上下拖动可以放大或缩小模型。

12.2 查看与编辑 3D 面板

用户可以很轻松地将三维立体模型引入到当前操作的 Photoshop CS6 图像中，从而为平面图像增加三维元素，在 Photoshop CS6 中，3D 面板是每一个 3D 模型的控制中心。

12.2.1 导入 3D 图层

在 Photoshop CS6 中可以通过“文件”菜单中的“打开”命令，直接将三维模型导入当前操作的 Photoshop CS6 图像编辑窗口中。

	素材文件	光盘 \ 素材 \ 第 12 章 \ 兔子 .3DS
	效果文件	光盘 \ 效果 \ 第 12 章 \ 兔子 .psd
	视频文件	光盘 \ 视频 \ 第 12 章 \12.2.1 导入 3D 图层 .mp4

步骤 01 单击“文件”|“打开”命令，打开随书附带光盘的“素材 \ 第 12 章 \ 兔子 .3DS”素材图像，弹出“打开”对话框，在其中选择一幅 .3DS 格式的素材图像，如图 12-3 所示。

步骤 02 单击“打开”按钮，即可导入 3D 图层，如图 12-4 所示。

图12-3　选择素材图像

图12-4　导入3D图层

12.2.2　移动、旋转与缩放模型

在 Photoshop CS6 中，用户可以根据需要使用 3D 对象工具来移动、旋转与缩放模型。

图 12-5 所示为素材图像，选取工具箱中的旋转 3D 对象工具，移动鼠标指针至图像编辑窗口中，上下拖动，即可使模型围绕其 X 轴旋转，效果如图 12-6 所示。

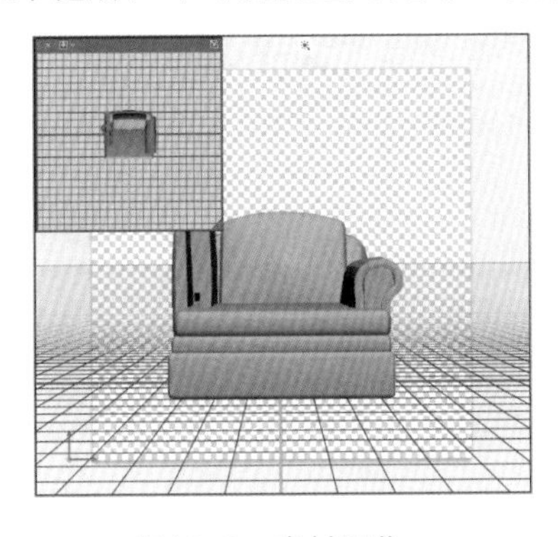

图12-5　素材图像

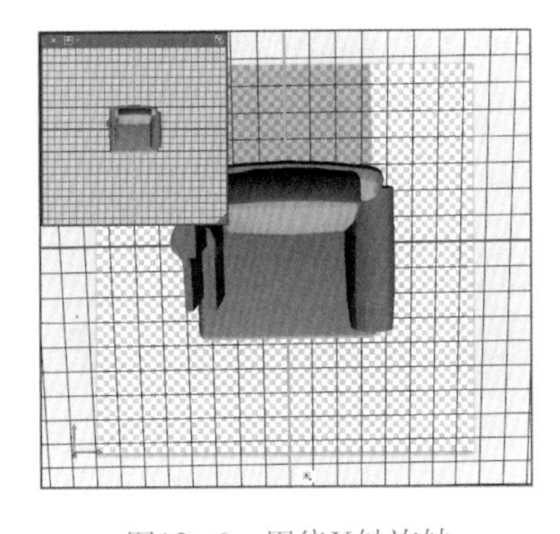

图12-6　围绕X轴旋转

选取工具箱中的滚动 3D 对象工具，在两侧拖动即可将模型沿水平方向移动，效果如图 12-7 所示，选取工具箱中的缩放 3D 对象工具，上下拖动即可放大或缩小模型，效果如图 12-8 所示。

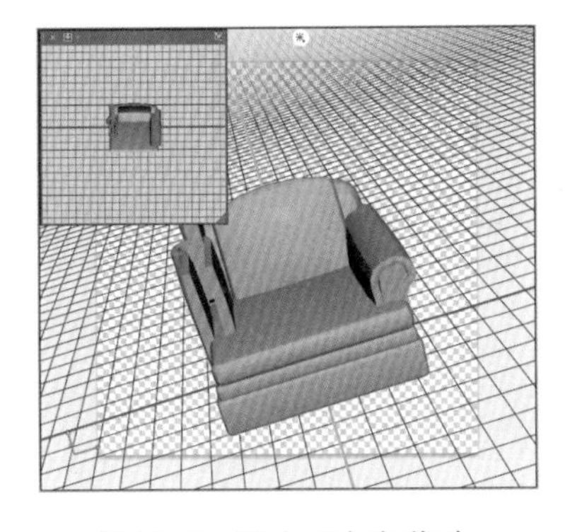

图12-7　沿水平方向移动

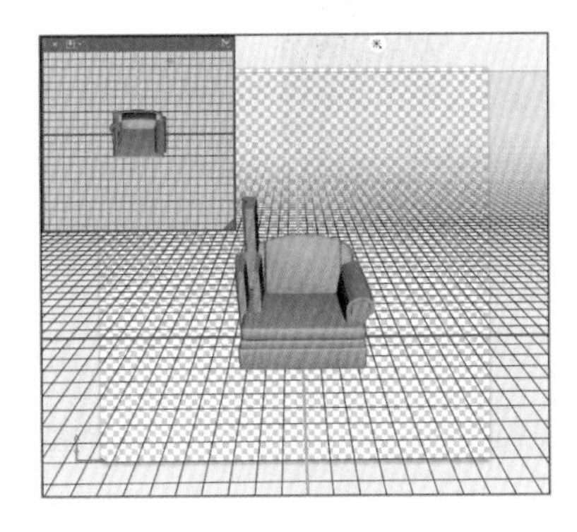

图12-8　调整大小后的图像

12.2.3 隐藏与显示 3D 场景

在 Photoshop CS6 中，无论是导入还是创建 3D 模型，都会得到包含 3D 模型的 3D 图层。

图 12–9 所示为素材图像，单击“视图”|“显示额外内容”命令，显示素材图像，单击 3D 面板中的“滤镜：整个场景”按钮，单击相应场景图层左侧的“指示图层可见性”按钮，所选图层即可被隐藏，如图 12–10 所示，再次单击“滤镜：整个场景”面板中相应场景图层左侧的“指示图层可见性”按钮，即可显示图层。

图12–9　素材图像

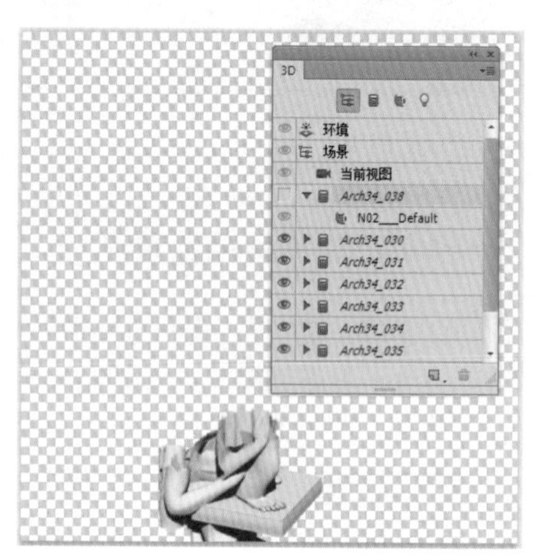

图12–10　隐藏场景图层

12.2.4 渲染设置

Photoshop CS6 中提供了多种模型的渲染效果设置选项，可以帮助用户渲染出不同效果的三维模型。图 12–11 所示为素材图像，单击 3D|“渲染”命令，即可开始渲染图层，如图 12–12 所示。

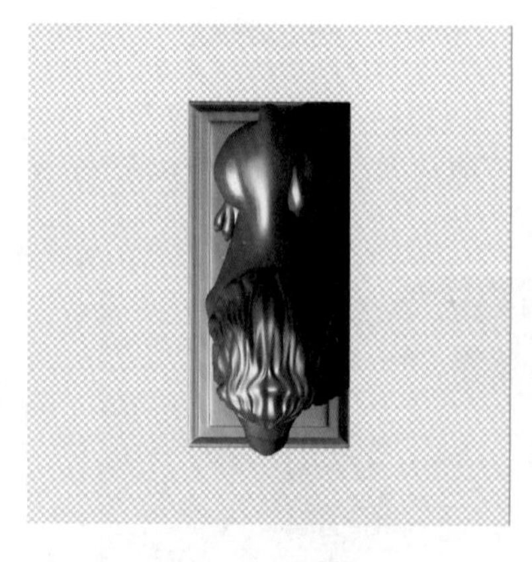

图12–11　素材图像

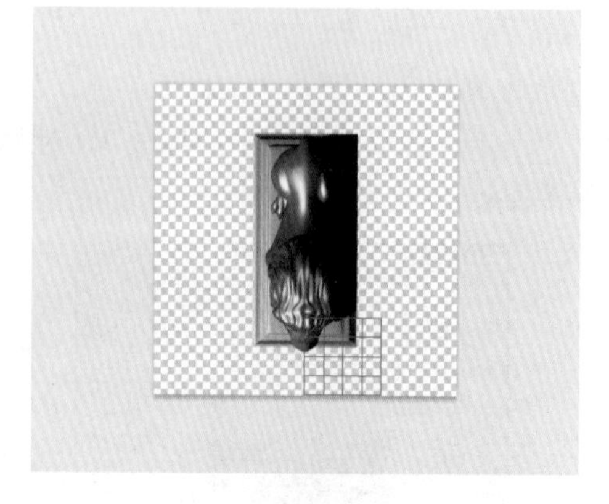

图12–12　渲染图层

12.2.5 材料设置

在 3D 面板中的“材质”属性面板中，可以为所创建的模型选择不同的材质。图 12–13 所示为素材图像，单击3D面板中的“材质”属性面板，单击“单击可打开‘材质’拾色器”下拉按钮，弹出拾色器下拉列表，选择“巴沙木”选项，即可为图像添加巴沙木材质，效果如图12–14所示。

图12–13 素材图像

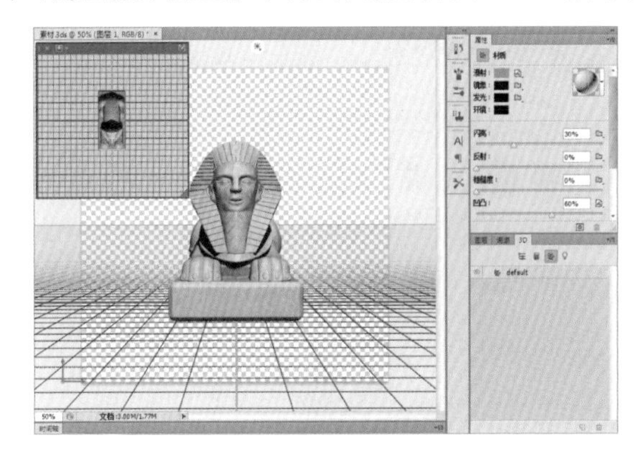

图12–14 添加巴沙木材质

提示

在Photoshop CS6中不能对三维模型进行修改，但可以对模型进行旋转、缩放、改变光照效果等调整。

12.2.6 光源设置

一个3D场景在默认情况下是不会显示光源的，用户可以根据需要运用“滤镜：光源”中的选项为3D模型增加光源效果。图12–15所示为素材图像，展开单击3D面板中“材质”属性面板，为图像添加“巴沙木”材质，单击3D面板中的“滤镜：光源”按钮，设置“预设”为“翠绿”，即可添加翠绿灯光，如图12–16所示。

图12–15 素材图像

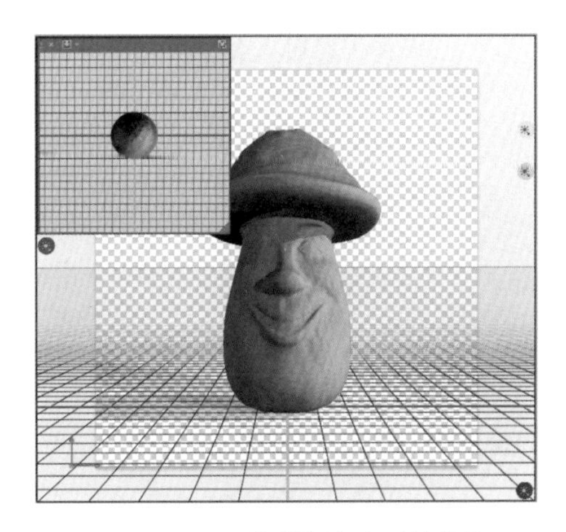

图12–16 添加翠绿灯光后的效果

12.2.7 2D和3D转换

在Photoshop CS6中，对3D图层不能进行直接操作，当设置完3D模型的材质、光照后，用户可将 3D 图层转换为 2D 图层，再对其进行操作。

	素材文件	光盘 \ 素材 \ 第 12 章 \ 素材 3.psb
	效果文件	光盘 \ 效果 \ 第 12 章 \ 素材 3.3DS
	视频文件	光盘 \ 视频 \ 第 12 章 \12.2.7　2D 和 3D 转换 .mp4

步骤 01 单击“文件” | “打开”命令，打开随书附带光盘的“素材 \ 第 12 章 \ 素材 3.psb”素材图像，如图 12-17 所示。

步骤 02 单击“图层” | “栅格化” | “3D”命令，栅格化图层，如图 12-18 所示。

图12-17　素材图像

图12-18　栅格化图层

提示

栅格化的图像会保留3D场景的外观，但格式为平面化的2D格式。除了运用上述方法可以栅格化3D图层外，用户还可以直接在3D图层中右击，在弹出的快捷菜单中选择“栅格化”命令。

12.3　创建与导出 3D 图层

Photoshop　CS6 中，用户可以根据需要创建和导出 3D 图层，从而轻松实现建模、光源处理等操作。

12.3.1　存储 3D 文件

在 Photoshop　CS6 中，用户可以对制作完成的 3D 文件进行存储。图 12-19 所示为素材图像，单击 3D | “导出 3D 图层”命令，弹出“存储为”对话框，单击“保存”按钮，如图 12-20 所示，即可保存 3D 图层。

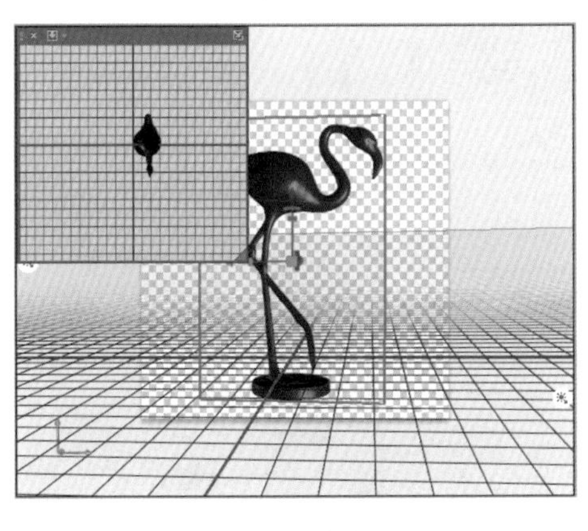

图12-19　素材图像

图12-20　单击“保存”按钮

12.3.2　导出 3D 图层

3D 图层在 Photoshop CS6 中编辑完成后，用户可通过“导出”命令，将其导出。图 12-21 所示为素材图像，单击“文件”|“导出”|“渲染视频”命令，弹出“渲染视频”对话框，设置其中各选项，单击“渲染”按钮，如图 12-22 所示，即可渲染导出 3D 图层。

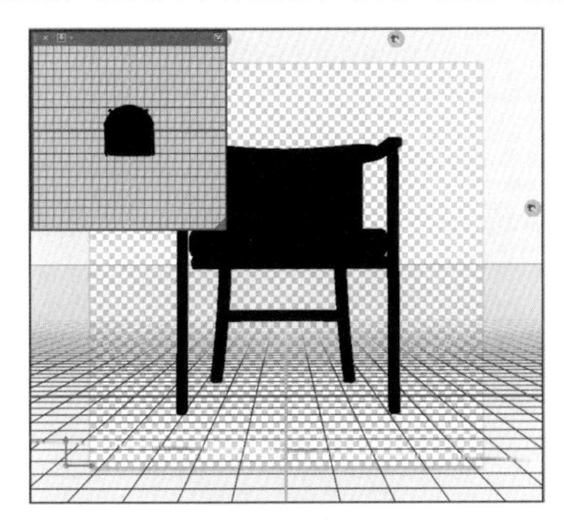

图12-21　素材图像

图12-22　单击“渲染”按钮

12.3.3　从图层新建 3D 形状

在 Photoshop CS6 中编辑素材图像时，可以根据需要从图层新建 3D 形状。图 12-23 所示为素材图像，单击 3D|“从图层新建网格”|“网格预设”|“酒瓶”命令，即可将素材图像环绕在立体形状表面，效果如图 12-24 所示。

提示

在Photoshop CS6的“从图层新建网格”命令中，用户还可以根据需要选择创建锥形、帽形、环形等3D形状。

图12–23　素材图像

图12–24　立体环绕图像

12.4　创建与编辑动作

运用动作可以将重复执行的操作录制下来，并进行相应的编辑，从而提高运用动作自动操作的灵活性。

12.4.1　创建与录制动作

在 Photoshop CS6 中使用动作之前，需要对动作进行创建和录制操作。

	素材文件	光盘 \ 素材 \ 第 12 章 \ 延伸 . jpg
	效果文件	光盘 \ 效果 \ 第 12 章 \ 延伸 .psb
	视频文件	光盘 \ 视频 \ 第 12 章 \12.4.1　创建与录制动作 .mp4

步骤 01 单击“文件”|“打开”命令，打开随书附带光盘的“素材 \ 第 12 章 \ 延伸 .jpg”素材图像，如图 12–25 所示。

步骤 02 展开“动作”面版，单击面板底部的“创建新动作”按钮，弹出“新建动作”对话框，设置“名称”为“动作 1”，如图 12–26 所示。

图12–25　素材图像

图12–26　设置名称

步骤 03 单击“记录”按钮，即可新建“动作 1”动作，并开始对接下来的所有动作进行记录，如图 12–27 所示。

步骤 04 单击“图像”|“调整”|“色相 / 饱和度”命令，弹出“色相 / 饱和度”对话框，设置“色相”为 + 30，“饱和度”为 50，“明度”为 15，如图 12–28 所示。

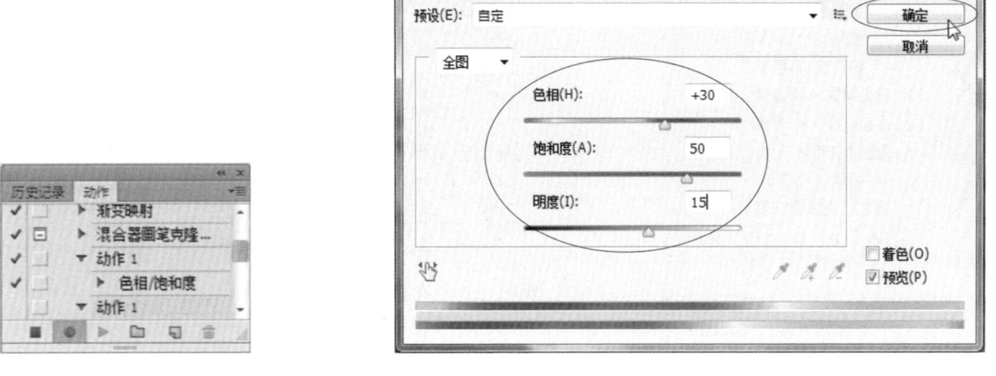

图12–27　新建“动作1”动作

图12–28　设置相应参数

步骤 05 单击“确定”按钮，单击“动作”面板底部的“停止播放 / 记录”按钮■，完成新动作的录制，如图 12–29 所示。

步骤 06 执行上述操作后，得到最终图像效果，如图 12–30 所示。

图12–29　完成新动作的录制

图12–30　得到最终效果

12.4.2　插入停止

在进行动作的录制过程中，并不是可以将所有操作进行记录，若某些操作无法被录制且需要执行时，可以插入一个“停止”提示，以提示手动的操作步骤。

在 Photoshop CS6 中，用户可以单击“窗口”|“动作”命令，展开“动作”面板，展开“淡出效果”动作，在其中选择“建立图层”选项，如图 12–31 所示，单击面板右上角的控制按钮▾≡，在弹出的菜单面板中选择“插入停止”选项，如图 12–32 所示。

弹出“记录停止”对话框，在“信息”文本框中输入“停止动作效果”，如图 12–33 所示，接着单击“确定”按钮，即可在“建立图层”选项的下方插入一个“停止”选项，如图 12–34 所示。

图12-31 选择“建立图层”选项

图12-32 选择“插入停止”选项

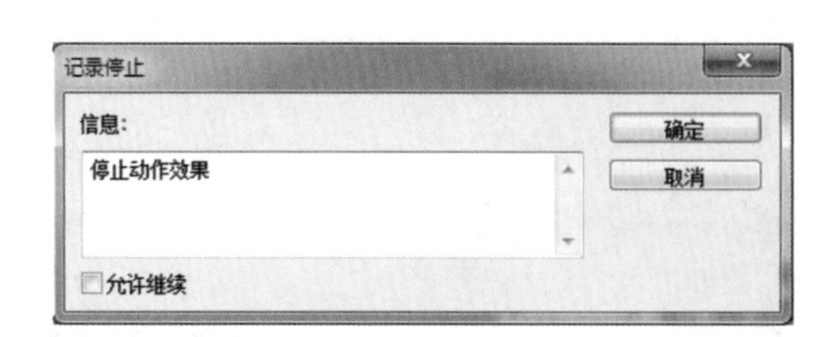

图12-33 输入文本

图12-34 插入“停止”选项

12.4.3 复制和删除动作

进行动作操作时，有些动作相同，可以将其复制，提高工作效率，在编辑动作时，用户可以删除不需要的动作。

在 Photoshop CS6 中，选择“动作”|“水中倒影（文字）”动作，单击面板右上角的控制按钮，在弹出的菜单面板中选择“复制”选项，如图 12-35 所示，执行上述操作后，即可复制“水中倒影（文字）”动作，得到“水中倒影（文字）副本”动作，单击面板右上角的控制按钮，在弹出的菜单面板中选择“删除”选项，如图 12-36 所示。

执行上述操作后，弹出信息提示框，如图 12-37 所示，单击“确定”按钮，即可删除动作，此时“动作”面板中的显示如图 12-38 所示。

图12–35　选择“复制”选项

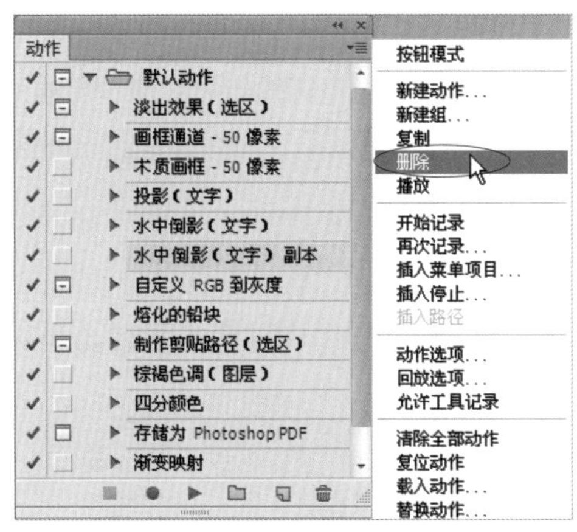

图12–36　选择“删除”选项

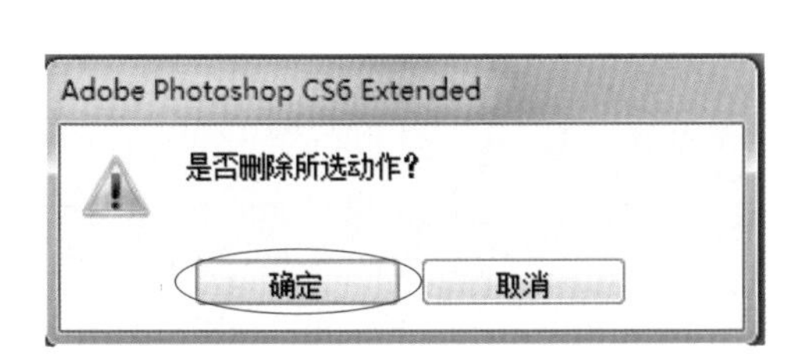

图12–37　弹出信息提示框

图12–38　删除动作

提示

除了复制和删除动作的操作方法外，还可以将复制或删除的动作直接拖动至面板下方的“创建新动作”按钮或“删除”按钮上。

12.4.4　新增动作组

在 Photoshop　CS6 中，“动作”面板中默认状态下只显示“默认动作”组，单击面板右上角的控制按钮，在弹出的面板菜单中选择“载入动作”选项，可载入 Photoshop　CS6 中预设的或其他用户录制的动作组。

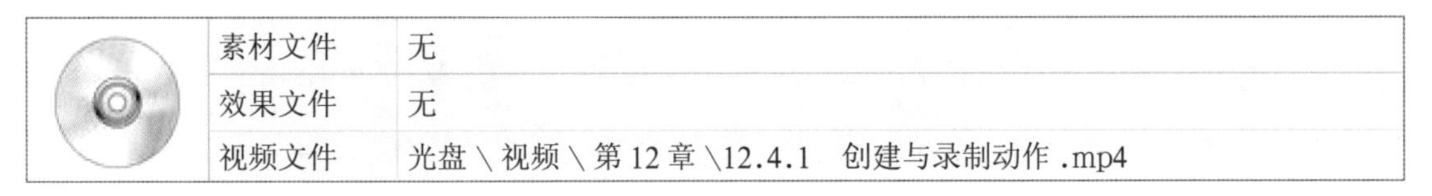

	素材文件	无
	效果文件	无
	视频文件	光盘 \ 视频 \ 第 12 章 \12.4.1　创建与录制动作 .mp4

步骤 01　单击“窗口”|“动作”命令，在展开的“动作”面板中单击右上角的控制按钮

，在弹出的菜单面板中选择“图像效果”选项，如图 12-39 所示。

步骤 02 执行上述操作后，即可新增“图像效果”动作组，如图 12-40 所示。

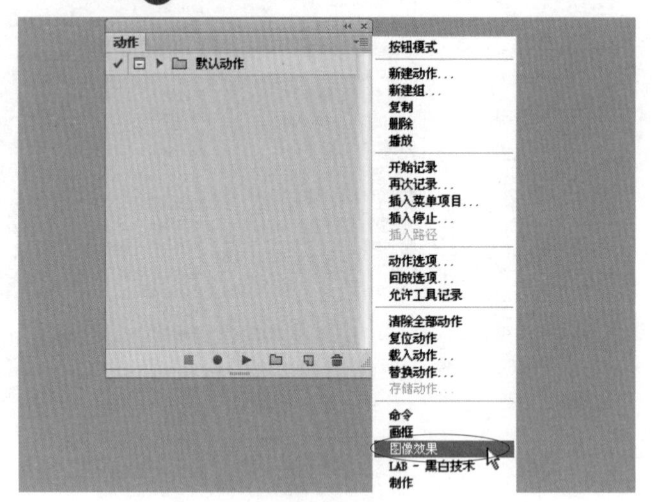

图12-39 选择“图像效果”选项

图12-40 新增“图像效果”动作

12.4.5 保存和加载动作

当录制了动作后，为了安全起见可以将其进行保存，以便在以后的工作中使用，另外，用户也可以将下载或磁盘中所存储的动作文件，加载至当前动作列表中并进行应用。

在 Photoshop CS6 中，选择“动作”|“图像效果”动作组，单击面板右上角的控制按钮，在弹出的面板菜单中选择“存储动作”选项，如图 12-41 所示，单击“保存”按钮，即可保存所选择的动作，在“动作”面板中，单击面板右上角的控制按钮，在弹出的面板菜单中选择“载入动作”选项，如图 12-42 所示。

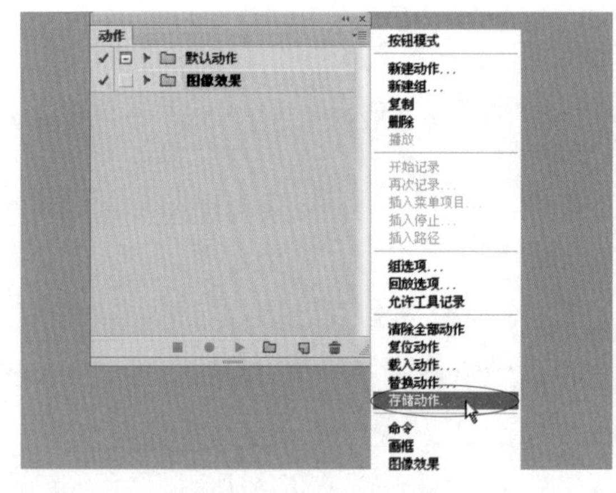

图12-41 选择“存储动作”选项

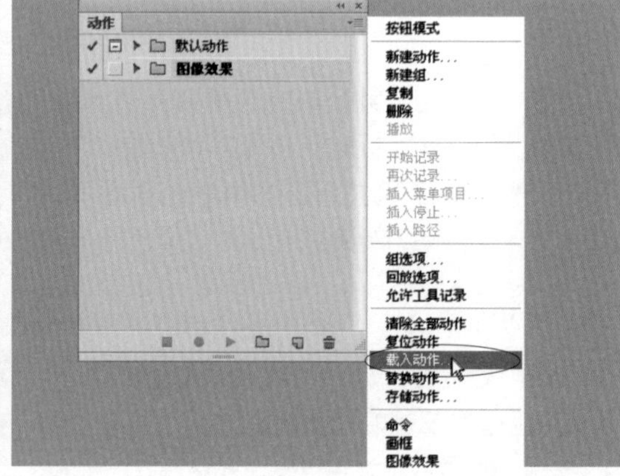

图12-42 选择“载入动作”选项

弹出“载入”对话框，在其中选择需要载入的动作，如图 12-43 所示，单击“载入”按钮，即可将选择的动作载入“动作”面板中，如图 12-44 所示。

图12-43 选择需要载入的动作

图12-44 载入动作

提示

“存储动作”选项只能用于存储动作组，而不能存储单个动作，而“载入动作”选项可用于将在网上下载的或者磁盘中所存储的动作文件添加到当前的动作列表之后。

12.4.6 插入菜单选项

在 Photoshop CS6 中，由于动作并不能记录所有的命令操作，例如在执行径向模糊操作时，如果通过在工具属性栏中进行调整，则动作就无法记录该操作，此时就需要插入菜单命令，以在播放动作时正确地执行径向模糊操作。

选择“动作”|“投影（文字）”动作，单击面板右上角的控制按钮，在弹出的面板菜单中选择“插入菜单项目”选项，弹出“插入菜单项目”对话框，如图 12-45 所示，单击“滤镜”|“模糊”|“更多模糊”|“径向模糊”命令，即可插入“径向模糊”选项，如图 12-46 所示，单击“确定”按钮，即可在面板中显示插入“径向模糊”选项。

图12-45 弹出“插入菜单项目”对话框

图12-46 插入“径向模糊”选项

12.4.7 重新排列命令顺序

在 Photoshop CS6 中，与调整图层顺序相同，要改变动作中的命令顺序，只需要拖动此命令至新位置，当出现高光时释放鼠标，即可改变动作中的命令顺序。

选择“动作”|“投影（文字）”动作，并向下拖动，如图 12-47 所示，拖动至合适位置后，释放鼠标，即可改变“投影（文字）”动作命令的顺序，如图 12-48 所示。

图12-47　拖动

图12-48　改变动作命令的顺序

12.4.8　播放动作

在 Photoshop CS6 中编辑图像时，用户可以播放“动作”面板中自带的动作，用于快速处理图像。

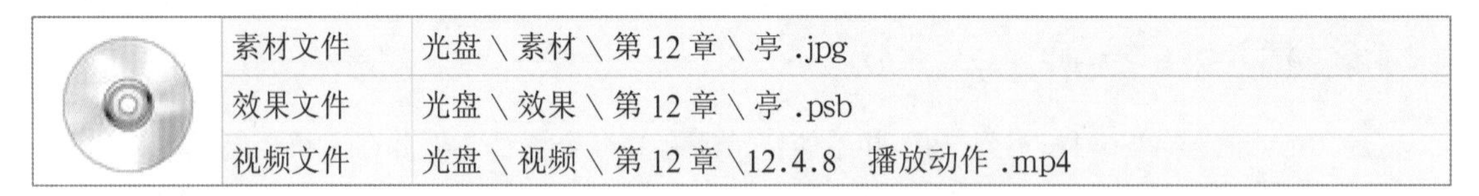

	素材文件	光盘 \ 素材 \ 第 12 章 \ 亭 .jpg
	效果文件	光盘 \ 效果 \ 第 12 章 \ 亭 .psb
	视频文件	光盘 \ 视频 \ 第 12 章 \12.4.8　播放动作 .mp4

步骤 01　单击“文件”|“打开”命令，打开随书附带光盘的“素材 \ 第 12 章 \ 亭 .jpg”素材图像，如图 12-49 所示。

步骤 02　单击“窗口”|“动作”命令，展开“动作”面板，选择“渐变映射”动作，单击面板底部的“播放选定的动作”按钮▶，效果如图 12-50 所示。

图12-49　素材图像

图12-50　预览效果

提示

由于动作是一系列命令，因此单击“编辑”|“还原”命令只能还原动作中的最后一个命令，若要还原整个动作系列，可在播放动作前在“历史记录”面板中创建新快照，即可还原整个动作系列。

12.5 综合案例——制作暴风雪相框效果

以制作暴风雪相框效果为例，进一步学习如何调整图像色彩明亮度、如何快速制作暴风雪效果、如何快速制作木质相框。

12.5.1 调整图像色彩明亮度

运用亮度／对比度命令，来调整图像的色彩明亮度，使图像的画面效果更加靓丽。

	素材文件	光盘＼素材＼第 12 章＼动物 .jpg
	效果文件	无
	视频文件	光盘＼视频＼第 12 章＼12.5.1 调整图像色彩明亮度 .mp4

步骤 01 单击“文件”|“打开”命令，打开随书附带光盘的“素材＼第 12 章＼动物 .jpg”素材图像，如图 12–51 所示。

步骤 02 单击“图像”|“调整”|“亮度／对比度”命令，弹出“亮度／对比度”对话框，设置“亮度”为 20，其效果如图 12–52 所示。

图12–51 素材图像

图12–52 增加亮度后的效果

12.5.2 快速制作暴风雪

在 Photoshop CS6 中，用户可以根据需要应用动作快速制作暴风雪效果。

	素材文件	上一例效果
	效果文件	无
	视频文件	光盘＼视频＼第 12 章＼12.5.2 快速制作暴风雪 .mp4

步骤 01 展开“动作”面板，单击面板右上角的控制按钮，在弹出的菜单面板中选择“图像效果”选项，即可新增“图像效果”动作组，如图 12–53 所示。

步骤 02 在“图像效果”动作组中选择“暴风雪”选项，单击面板底部的“播放选定的动作”按钮▶，如图 12–54 所示。

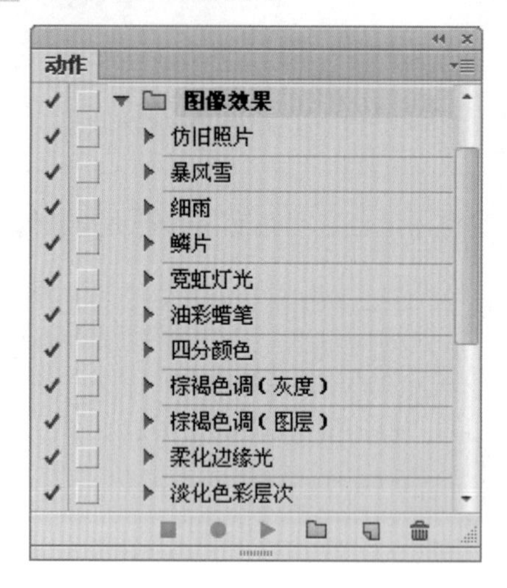

图12–53 新增“图像效果”动作组

图12–54 单击“播放选定动作”按钮

步骤 03 动作播放完成后，即可制作出暴风雪效果，如图 12–55 所示。

图12–55 暴风雪效果

12.5.3 快速制作木质相框

在 Photoshop CS6 中编辑图像时，为图像添加精美的相框效果，可以使单纯的照片或图像变得更加富有艺术感。

	素材文件	上一例效果
	效果文件	光盘 \ 效果 \ 第 12 章 \ 暴风雪相框 .psd
	视频文件	光盘 \ 视频 \ 第 12 章 \12.5.3 快速制作木质相框 .mp4

步骤 01 单击“动作”面板右上角的控制按钮，在弹出的菜单面板中选择“画框”选项，如图 12–56 所示。

步骤 02 执行上述操作后，在“动作”面板中即可新增“画框”动作组，在“画框”动作组中选择“木质画框 –50 像素”选项，单击面板底部的“播放选定的动作”按钮 ▶，如图 12–57 所示。

图12–56　选择“画框”选项

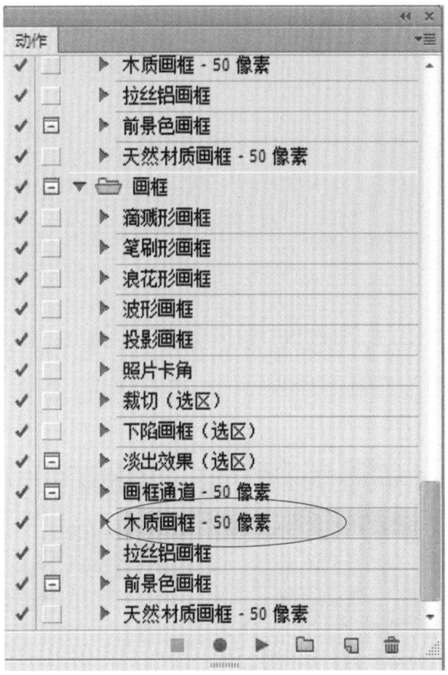

图12–57　“画框”动作组

步骤 03 执行上述操作后，弹出“信息”提示框，如图 12–58 所示。

步骤 04 单击“继续”按钮，即可制作出木质相框效果，如图 12–59 所示。

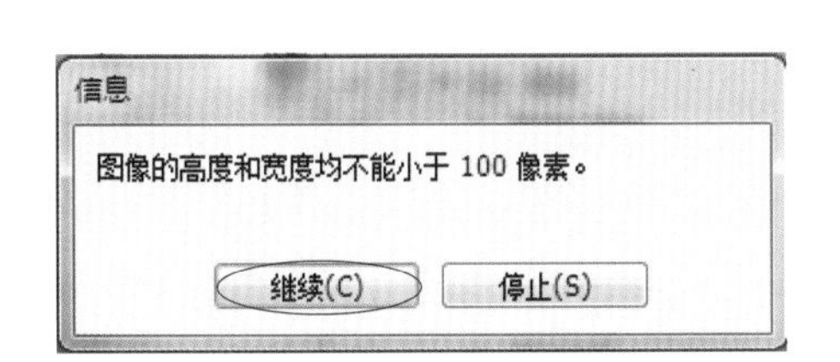

图12–58　弹出“信息”提示框

图12–59　木质相框效果

本 章 小 结

本章主要学习 3D 演绎与自动化应用，通过了解 3D 特性、查看与编辑 3D 面板的方法、创建与导入3D图层，进一步了解3D应用方面的方法，以及详细讲解了创建与编辑动作的操作方法，让读者能快速提高3D演绎与自动化应用的知识内容。

课后习题

鉴于本章知识的重要性，为帮助用户更好地掌握所学知识，通过课后习题对本章内容进行简单的知识回顾。

	素材文件	光盘\素材\第12章\课后习题\食物.jpg
	效果文件	光盘\效果\第12章\课后习题\食物.psd
	学习目标	掌握运用创建播放动作的操作方法

本习题需要利用创建播放动作改变素材的颜色效果，素材如图12-60所示，最终效果如图12-61所示。

图12-60　素材图像

图12-61　效果图

第13章

优化与制作网页动画

本章引言

随着网络技术的飞速发展与普及，网页图像制作已经成为图像软件的一个重要应用领域。Photoshop CS6 向用户提供了强大的图像制作功能，可以直接对网页图像进行优化、切片和制作图像动画。

本章将讲解优化 GIF 与 JPEG 格式，创建与管理切片图像的相关内容。

本章主要内容

- 13.1　优化 GIF 与 JPEG 格式
- 13.2　创建与管理切片图像
- 13.3　综合案例——制作凤凰与文字动画效果

13.1 优化 GIF 与 JPEG 格式

优化是微调图像显示品质和文件大小的过程，在压缩图像文件大小的同时又能优化在线显示的图像品质。Web 上应用的文件格式主要有 GIF、JPEG 两种。

13.1.1 优化 GIF 格式

GIF 格式主要通过减少图像的颜色数目来优化图像，最多支持 256 色。将图像保存为 GIF 格式时，将丢失许多的颜色，因此将颜色和色调丰富的图像保存为 GIF 格式，会使图像严重失真，所以 GIF 格式只适合保存色调单一的图像，而不适合颜色丰富的图像。

单击“文件”｜“存储为 Web 所用格式”命令，弹出“存储为 Web 所用格式”对话框，如图 13-1 所示，在其中选择优化图像的选项以及预览优化的图像。

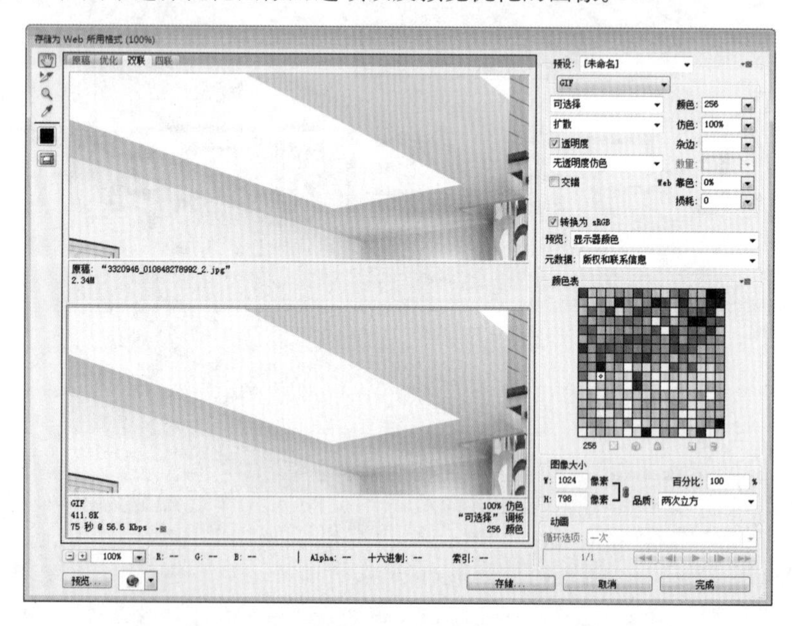

图13-1 “存储为Web所用格式”对话框

“存储为 Web 所用格式”对话框中所包含的选项部分如下：

- 显示选项：单击“原稿”标签 原稿 ，窗口中只显示没有优化的图像；单击“优化”标签 优化 ，窗口中只显示应用了当前优化设置的图像；单击“双联”标签 双联 ，并排显示优化前和优化后的图像；单击“四联”标签 四联 ，可显示原稿外的其他 3 个可以进行不同优化的图像，每个图像下面都提供了优化信息，可以通过对比选择最佳优化方案。
- 工具箱：“抓手工具”可以移动查看图像；“切片选项工具”可以选择窗口中的切片，以便对其进行优化；“缩放工具”可以放大或缩小图像的比例；“吸管工具”可以吸取图像中的颜色，并显示在“吸管颜色图标”中；“切换切片可视性”可以显示或隐藏切片的定界框。

- 在浏览器中预览按钮[预览...]：单击“预览”按钮[预览...]可以打开浏览器窗口，预览Web网页中的图片效果。
- “仿色”选项：用于确定应用程序仿色的方法和数量。“仿色”是指模拟计算机的颜色显示系统中未提供的颜色的方法。较高的仿色百分比使图像中出现更多的颜色和更多的细节，但同时也会增大文件大小。
- “透明度”和“杂边”选项：用于确定如何优化图像中的透明像素。要使完全透明的像素透明并将部分透明的像素与一种颜色相混合，可选中“透明度”复选框，然后选择一种杂边颜色。
- “损耗”选项（仅限于GIF格式）：通过有选择地扔掉数据来减小文件大小，可将文件大小缩小5%到40%。较高的“损耗”设置会导致更多数据被扔掉。
- 颜色表：用于设置Web安全颜色。
- 动画：设置动画的循环选项，显示动画控制按钮。

13.1.2　优化JPEG格式

JPEG是用于压缩连续色调图像的标准格式。将图像优化为JPEG格式的过程依赖于有损压缩，它会有选择的扔掉数据。在“存储为Web所用格式”对话框右侧选择“预设”|“JPEG高”选项，即可显示它的优化选项。

	素材文件	光盘 \ 素材 \ 第13章 \ 红底文字 .jpg
	效果文件	光盘 \ 效果 \ 第13章 \ 红底文字 .jpg
	视频文件	光盘 \ 视频 \ 第13章 \13.1.1　优化JPEG格式 .mp4

步骤 01 单击“文件”|“打开”命令，打开随书附带光盘的“素材 \ 第13章 \ 红底文字 .jpg”素材图像，如图13-2所示。

步骤 02 单击“文件”|“存储为Web所用格式”命令，弹出“存储为Web所用格式”对话框，在其右侧的“预设”列表框中选择“JPEG高”选项，如图13-3所示。

图13-2　素材图像

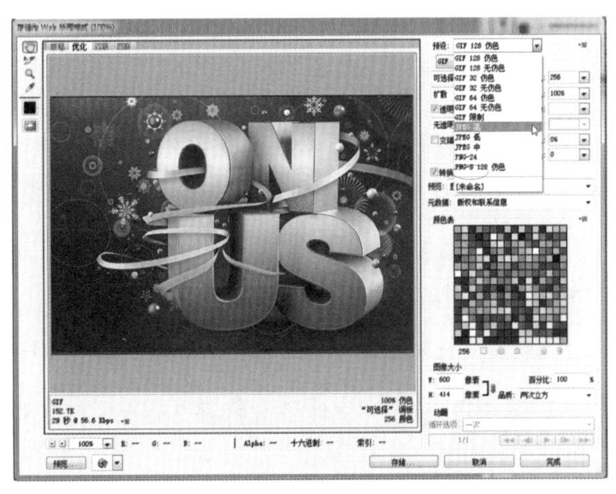

图13-3　选择“JPEG高”选项

步骤 03 单击“存储”按钮，弹出“将优化结果存储为”对话框，在其中设置保存路径，单击“保存”按钮，如图 13-4 所示。

步骤 04 弹出提示信息框，单击“确定”按钮，即可将图像保存为 JPEG 优化格式，如图 13-5 所示。

图13-4　设置保存路径

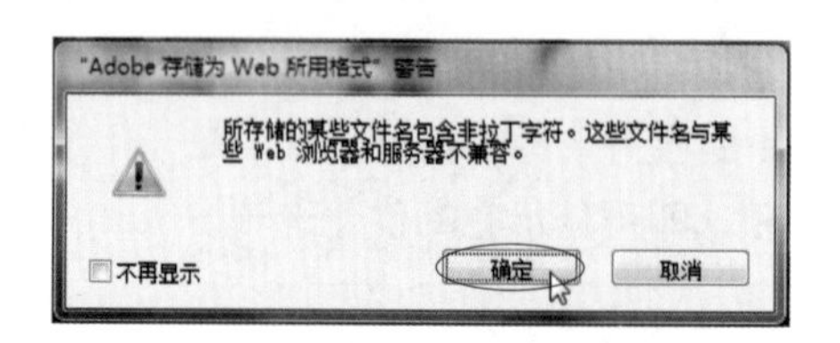

图13-5　保存为JPEG优化格式

13.2　创建与管理切片图像

切片主要用于定义一幅图像的指定区域，用户一旦定义好切片后，这些图像区域可以用于模拟动画和其他的图像效果。

13.2.1　创建用户切片

在 Photoshop CS6 中，从图层中创建切片时，切片区域将包含图层中的所有像素数据，如果移动该图层或编辑其内容，切片区域将自动调整以包含改变后图层的新像素。

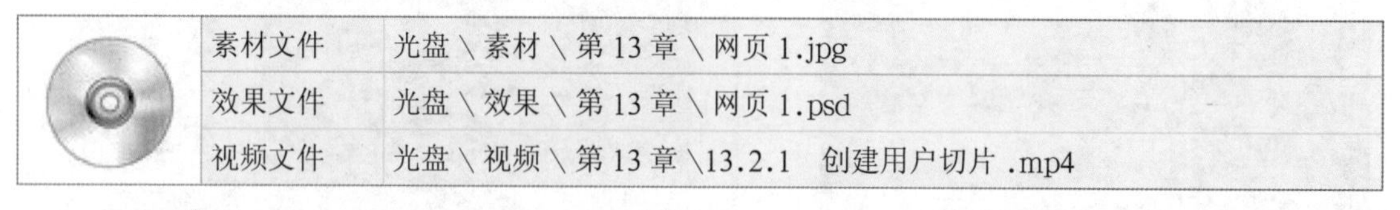

素材文件	光盘 \ 素材 \ 第 13 章 \ 网页 1.jpg
效果文件	光盘 \ 效果 \ 第 13 章 \ 网页 1.psd
视频文件	光盘 \ 视频 \ 第 13 章 \13.2.1　创建用户切片 .mp4

步骤 01 单击“文件”|“打开”命令，打开随书附带光盘的“素材 \ 第 13 章 \ 网页 1.jpg”素材图像，如图 13-6 所示。

步骤 02 选取工具箱中的切片工具，将鼠标指针移至图像编辑窗口中，向右下方拖动，创建一个用户切片，如图 13-7 所示。

图13-6 素材图像

图13-7 创建用户切片

提示

在Photoshop和Ready中都可以使用切片工具定义切片或将图层转换为切片，也可以通过参考线来创建切片，此外，ImageReady还可以将选区转化为定义精确的切片。在要创建切片的区域上，按住【Shift】键的同时拖动，可以将切片限制为正方形。

13.2.2 创建自动切片

当使用切片工具创建用户切片区域时，在用户切片区域之外的区域将生成自动切片，每次添加或编辑用户切片时都将重新生成自动切片，自动切片是由点线定义的。

图 13-8 所示为素材图像，可以先选取工具箱中的切片工具，将鼠标指针移至图像编辑窗口的中间，向右下方拖动，创建一个用户切片，同时自动生成自动切片，如图 13-19 所示。

图13-8 素材图像

图13-9 创建自动切片

13.2.3 移动切片

在 Photoshop CS6 中，创建切片后，用户可运用切片选择工具移动切片。图 13-10 所示为素材图像，选取工具箱中的切片选择工具，将鼠标指针移至图像编辑窗口中的切片内，且在控制框内并向下方拖动，移动网页上的切片，如图 13-11 所示。

图13-10　素材图像

图13-11　移动切片

13.2.4　调整切片

在 Photoshop CS6 中，使用切片选择工具，选定要调整的切片，此时切片的周围会出现 8 个控制柄，可以对这 8 个控制柄进行拖动，来调整切片的位置和大小。

选取工具箱中的切片选择工具，在网页图像上创建一个用户切片，将鼠标指针移至图像编辑窗口中间的用户切片内，单击，即可选择切片，并调出变换控制框，如图 13-12 所示。在控制框内并向下拖动，即可移动切片，效果如图 13-13 所示。

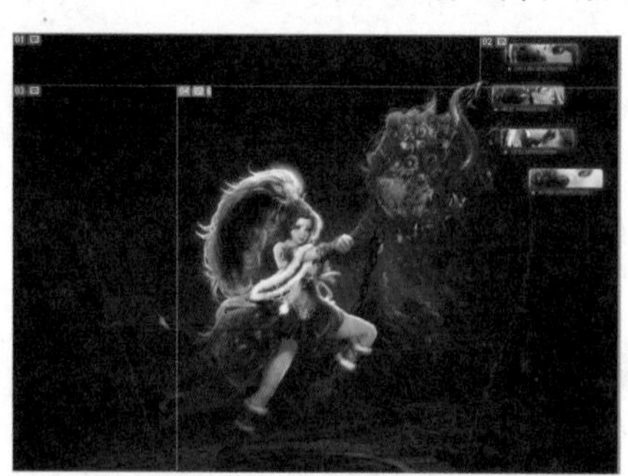

图13-12　选择切片

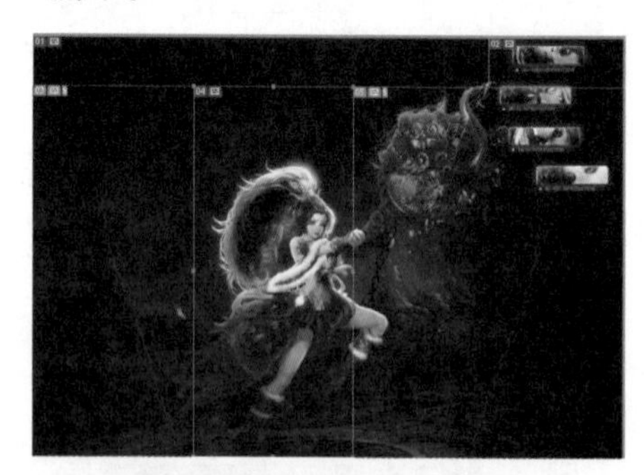

图13-13　移动切片

将鼠标指针移至变换控制框上方的控制柄上，此时鼠标指针呈双向箭头形状，如图 13-14 所示。向右方拖动，至合适位置后，释放鼠标，即可调整切片大小，效果如图 13-15 所示。

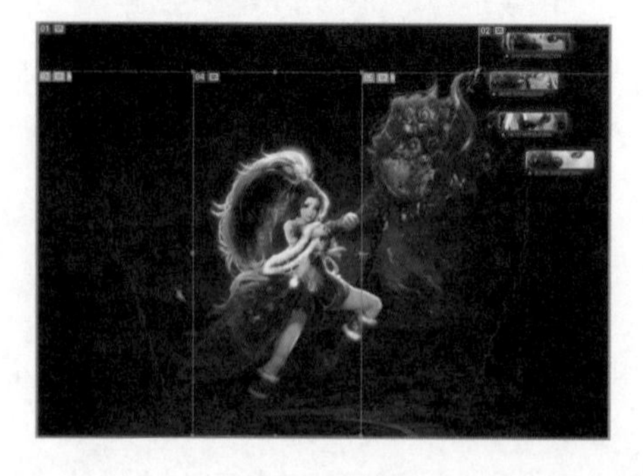

图13-14　鼠标指针呈双向箭头形状

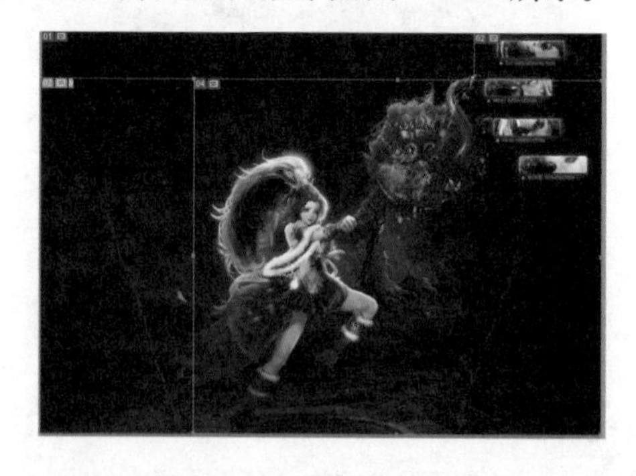

图13-15　调整切片大小

13.2.5 转换切片

在 Photoshop CS6 中，当创建用户切片后，用户切片与自动切片之间可以相互进行转换。使用切片选择工具，选定要转换的自动切片，单击工具属性栏上的“提升”按钮 提升 ，可以转换切片。

图 13–16 所示为素材图像，选取工具箱中的切片工具，将鼠标指针移至图像编辑窗口中合适位置，拖动，创建切片，如图 13–17 所示。

图13–16 素材图像

图13–17 创建切片

选取工具箱中的切片选择工具，将鼠标指针移至图像编辑窗口中下侧的自动切片内，右击，在弹出的快捷菜单中，选择“提升到用户切片”选项，如图 13–18 所示，执行操作后，即可转换切片，效果如图 13–19 所示。

图13–18 选择“提升到用户切片”选项

图13–19 转换切片

13.2.6 锁定切片

在Photoshop CS6中，运用锁定切片可以阻止在编辑操作中重新调整切片的尺寸、移动切片、甚至变更切片。

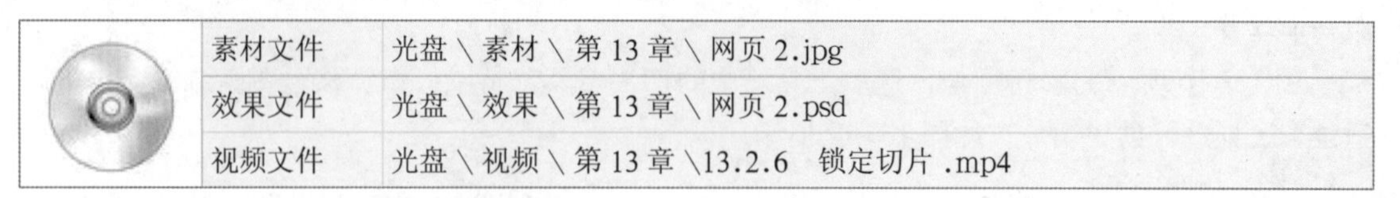

	素材文件	光盘\素材\第13章\网页2.jpg
	效果文件	光盘\效果\第13章\网页2.psd
	视频文件	光盘\视频\第13章\13.2.6　锁定切片.mp4

步骤 01 单击“文件”|“打开”命令，打开随书附带光盘的“素材\第13章\网页2.jpg”素材图像，显示切片如图13-20所示。

步骤 02 单击“视图”|“锁定切片”命令，如图13-21所示，即可锁定切片。

图13-20　素材图像

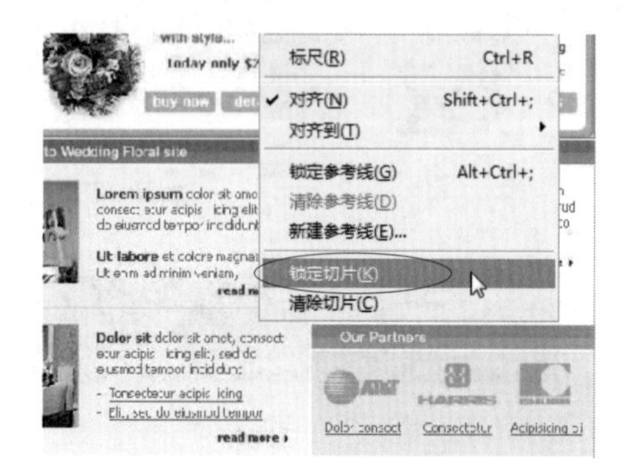

图13-21　单击“锁定切片”命令

13.3 综合案例——制作凤凰与文字动画效果

以制作文字变形动画为例，进一步学习制作文字变形效果、文字过度动画、存储为Web和设备所用格式的操作方法。

13.3.1 制作文字变形效果

在网页中添加各式各样的文字动画，可以为网页添加动感和趣味效果，使网页画面内容更加丰富多彩，提高网站的点击率和流量。

	素材文件	光盘\素材\第13章\凤凰与文字.psd
	效果文件	无
	视频文件	光盘\视频\第13章\13.3.1　制作文字变形效果.mp4

步骤 01 单击“文件”|“打开”命令，打开随书附带光盘的“素材\第13章\凤凰与文字.psd”素材图像，如图13-22所示。

步骤 02 在"图层"面板中，复制"文字 1"图层，得到"文字 1 副本"图层，如图 13–23 所示。

图13–22 素材图像

图13–23 复制图层

步骤 03 选取横排文字工具T，在工具属性栏中单击"创建文字变形"按钮，弹出"变形文字"对话框，设置"样式"为"旗帜"、"弯曲"为 100%，如图 13–24 所示。

步骤 04 单击"确定"按钮，即可变形文字，效果如图 13–25 所示。

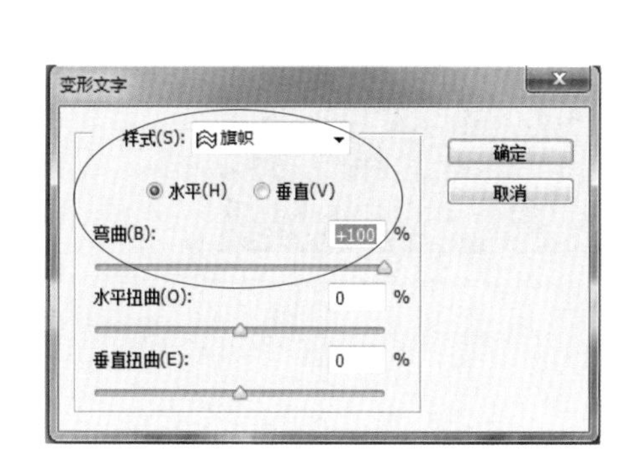

图13–24 "变形文字"对话框

图13–25 变形文字

13.3.2 制作文字过渡动画

在 Photoshop CS6 中，除了可以逐帧的修改图像以创建动画外，也可以使用"过渡"命令让系统自动在两帧之间产生位置、不透明度或图层效果的变化效果。

	素材文件	上一例效果文件
	效果文件	无
	视频文件	光盘 \ 视频 \ 第 13 章 \13.3.2 制作文字过度动画 .mp4

步骤 01 在"图层"面板中，隐藏"文字 1 副本"图层，单击"时间轴"面板底部的"复制所选帧"按钮，隐藏"文字 1"图层，显示"文字 1 副本"图层，此时"帧 2"效果如图 13–26 所示。

步骤 02 按住【Ctrl】键的同时，选择"帧 1"和"帧 2"，单击"时间轴"面板底部的"过渡帧动画"按钮，弹出"过渡"对话框，设置"要添加的帧数"为 7，如图 13–27 所示。

图13-26　设置“帧2”效果

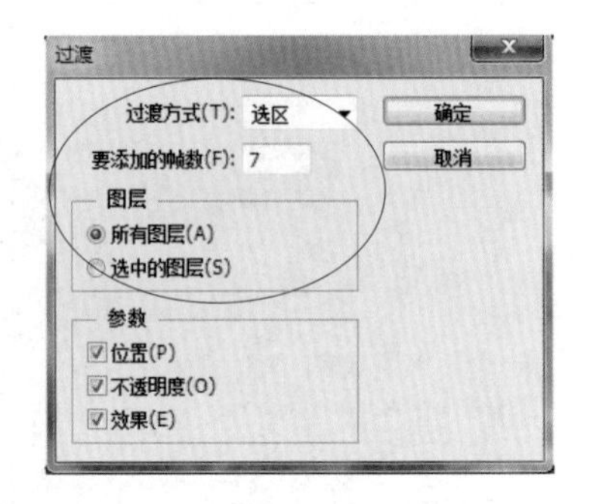

图13-27　设置相关参数

步骤 03　单击“确定”按钮，设置所有的帧延迟时间为 0.2 秒，单击“播放”按钮，即可浏览制作的文字变形动画效果，如图 13-28 所示。

图13-28　播放动画

13.3.3　存储为 Web 和设备所用格式

用户可以通过“存储为 Web 所用格式”命令将图像文件存储为 Web 和设备所用的格式。

	素材文件	上一例效果文件
	效果文件	光盘 \ 效果 \ 第 13 章 \ 凤凰与文字动画 .psd
	视频文件	光盘 \ 视频 \ 第 13 章 \13.3.3　存储为 Web 和设备所用格式 .mp4

步骤 01　在菜单栏中，单击“文件”|“存储为 Web 所用格式”命令，如图 13-29 所示。

步骤 02　弹出“存储为 Web 所用格式”对话框，如图 13-30 所示，可以用来选择优化选项以及预览优化的图像。

步骤 03　单击“存储”按钮，弹出“将优化结果存储为”对话框，设置路径和名称，如图 13-31 所示，单击“保存”按钮，即可完成操作。

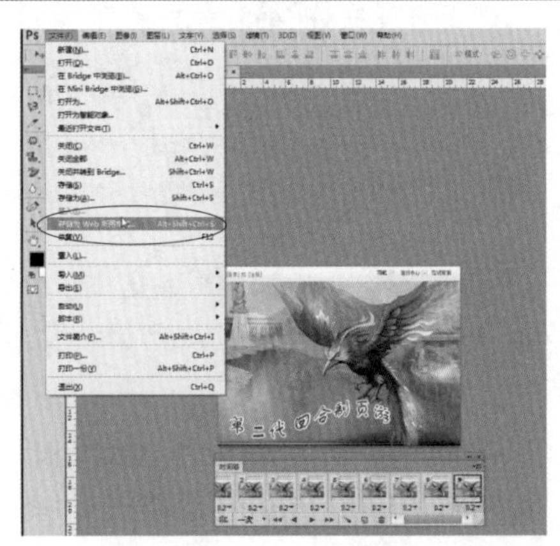

图13-29　单击相应命令

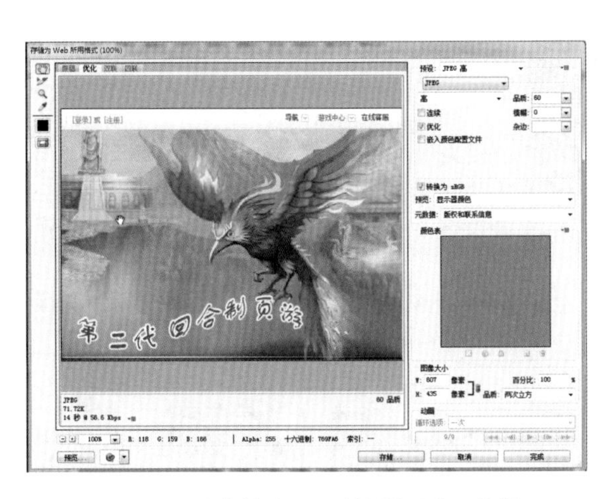

图13–30　“存储为Web所用格式”对话框

图13–31　设置路径和名称

本 章 小 结

本章主要学习优化GIF格式与JPEG格式、创建与管理切片图像和制作动画的相关技巧，通过了解优化GIF格式与JPEG格式的操作方法、关于切片的运用技巧、制作文字动画的案例，可以让用户充分了解优化与制作网页动画的操作技巧。

课 后 习 题

鉴于本章知识的重要性，为帮助用户更好地掌握所学知识，通过课后习题对本章内容进行简单的知识回顾。

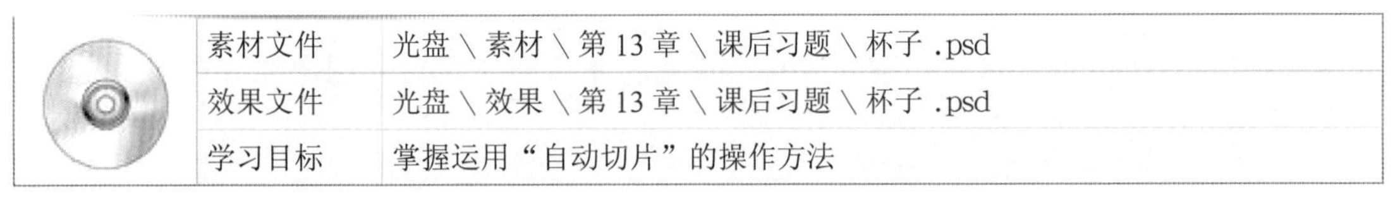

素材文件	光盘 \ 素材 \ 第 13 章 \ 课后习题 \ 杯子 .psd
效果文件	光盘 \ 效果 \ 第 13 章 \ 课后习题 \ 杯子 .psd
学习目标	掌握运用“自动切片”的操作方法

本习题需要为素材进行自动切片操作，素材如图13–32所示，最终效果如图13–33所示。

图13–32　素材图像

图13–33　创建自动切片

第14章

输入与输出图像文件

本章引言

用户在使用 Photoshop CS6 编辑图像时，需要经常用到图像资料，这些资料可以通过不同的途径获取。在制作好图像效果之后，有时需要以印刷品的形式输出图像，这就需要将其打印输出。本章将讲解输入图像的方式、打印图像准备工作等方面的内容。

本章主要内容

■ 14.1 了解输入图像的方式

■ 14.2 打印图像准备工作

■ 14.3 了解图像输出印刷流程

■ 14.4 输出作品

14.1 了解输入图像的方式

在 Photoshop CS6 中，用户可以通过扫描仪、数码相机、素材光盘等不同的途径，来获取需要用到的图像资料。

14.1.1 使用扫描仪输入图像

在 Photoshop CS6 中编辑图像时，运用快速蒙版可以创建选区，通过与绘图工具结合屏蔽图像的一部分，而显示的图像区域用于创建选区。

用户可以在桌面上，双击 MiraScan6.1（5000）图标（扫描仪），弹出 MiraScan 6 对话框，如图 14-1 所示，单击对话框中“扫描至”右侧的“浏览”按钮，弹出“另存为”对话框，在其中设置保存路径和名称，单击“扫描”按钮，弹出信息提示框，显示扫描进程，扫描完后，弹出相应的保存路径文件夹，显示保存的图片。

在 Photoshop CS6 中，单击“文件”|“打开”命令，在弹出的“打开”对话框中选择图片的存储路径，即可以在图像编辑窗口中查看通过扫描输入的图像，如图 14-2 所示。

图14-1 MiraScan 6对话框

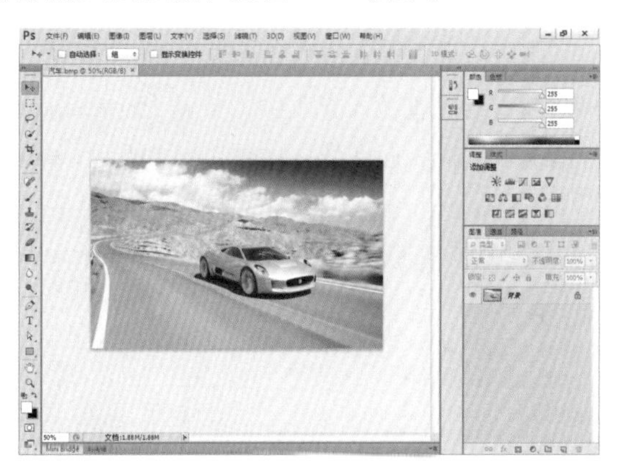

图14-2 查看扫描输入的图像

14.1.2 使用数码相机输入图像

数码相机是目前较为主流、专业的一种拍摄照片、获取图片的工具之一，它能与电脑进行快速信息交互。

大部分数码相机都配备 USB 接口，当数码相机通过 USB 接口接入系统时，系统会提示“检测到新硬件”，自动创建移动盘，用户应根据提示把相机的文件进行保存。然后启动中文版 Photoshop CS6，在数码相机的功能选项中选择需要的数字化图像即可。

启动 Adobe Bridge CS6 程序，单击“文件”|“从相机获取照片”命令，弹出“Adobe Bridge CS6- 图片下载工具”对话框，各选项设置如图 14-3 所示，单击“获取媒体”按钮，从数码相机中获取照片至 Adobe Bridge CS6 中。

图14-3　设置各选项

14.1.3　使用素材光盘中的图像

目前，市场上有许多专业的图像素材库光盘，其中包含着丰富的图像素材，使用素材光盘中的图像，可以丰富设计的内容。

将素材光盘放入光驱中，启动Photoshop CS6，单击“文件”|“打开”命令，弹出“打开”对话框，选择相应图像，如图14-4所示，单击“打开”按钮，即可从素材光盘中获取图像，如图14-5所示。

图14-4　选择相应图像

图14-5　从素材光盘中获取的图像

14.2　打印图像准备工作

为了获得高质量、高水准的作品，除了进行精心设计与制作外，还应了解一些关于打印的基本知识，能使打印工作更顺利地完成。

14.2.1　选择文件存储格式

作品制作完成后，根据需要将图像存储为相应的格式。例如，用于观看的图像，可将其存储为 JPGE 格式；用于印刷的图像，则可将其存储为 TIFF 格式。

图 14–6 所示为素材图像，单击“文件”|“存储为”命令，弹出“存储为”对话框，设置存储路径，单击“格式”右侧的下拉按钮，在弹出的格式菜单中选择 TIFF 存储格式，单击“保存”按钮，弹出“TIFF 选项”对话框，各选项为默认设置，单击“确定”按钮，如图 14–7 所示，即可保存文件。

图14–6　素材图像

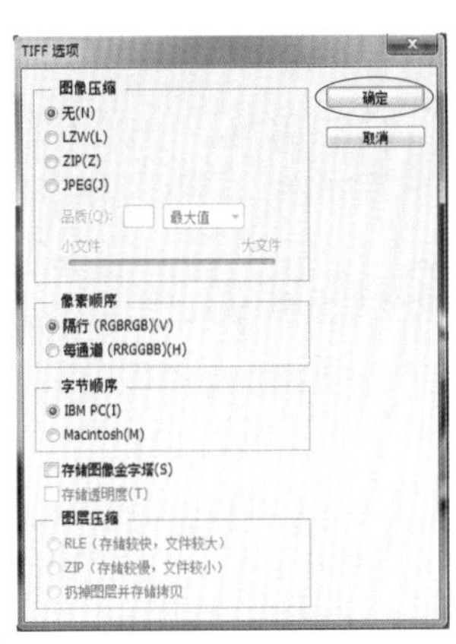

图14–7　单击“确定”按钮

14.2.2　检查图像的分辨率

在 Photoshop　CS6 中，用户为确保印刷出的图像清晰，在印刷图像之前，需检查图像的分辨率。

图 14–8 所示为素材图像，单击“图像”|“图像大小”命令，弹出“图像大小”对话框，查看“分辨率”参数，如图 14–9 所示，如果图像不清晰，则需要设置高分辨率参数。

图14–8　素材图像

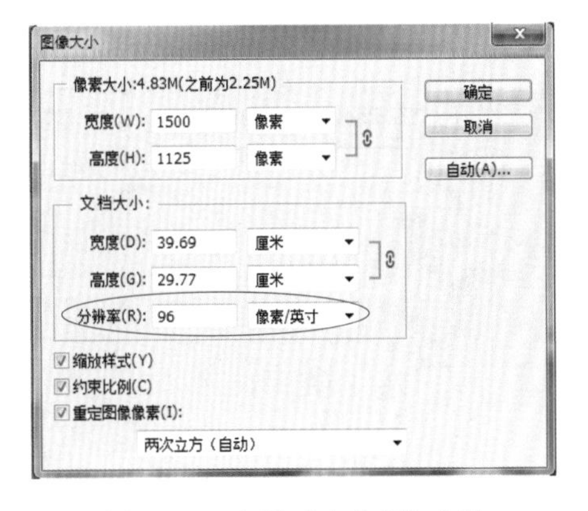

图14–9　查看“分辨率”参数

14.2.3　识别色域范围外色调

在 Photoshop　CS6 中，色域范围是指颜色系统可以显示或打印的颜色范围，用户可以在将图像转换为CMYK模式之前，识别图像中的溢色或手动进行校正，使用“色域警告”命令来提高亮显示溢色。

图14-10所示为素材图像，单击“视图”|“色域警告”命令，即可识别色域范围外的色调，如图14-11所示。

图14-10　素材图像

图14-11　识别色域范围外的色调

14.3　了解图像输出印刷流程

图像的印刷处理包括图像的印刷处理流程、色彩校正、出片和打样等。

14.3.1　图像打印前处理流程

在Photoshop CS6中，对于设计完成的图像作品，在打印之前需要处理的工作流程包括以下5个基本步骤，如图14-12所示。

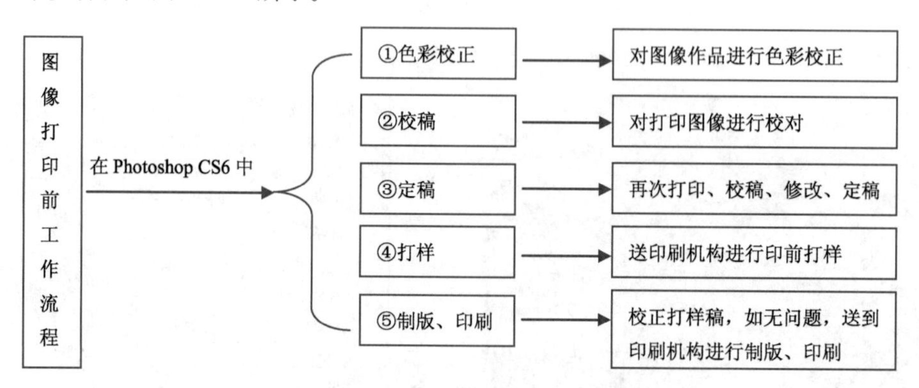

图14-12　图像打印前工作流程

14.3.2　图像的色彩校正

显示器或打印机在打印图像时颜色有偏差，将导致印刷出的图像色彩和原作品色彩不符。因此，在制作过程中，进行色彩校正是印刷前的一个重要步骤。

图14-13所示为素材图像，单击“视图”|“校样颜色”命令，校正图像颜色，如图14-14所示。

图14-13　素材图像

图14-14　校正图像颜色

14.3.3　图像出片和打样

印刷厂在印刷前，必须将所有交付印刷的作品交给出片中心进行出片。若设计的作品最终要求不是输出胶片，而是大型彩色喷绘样张，则直接用喷绘机输出。

设计稿在电脑中排版完成后，可以进行设计稿打样。在印刷工作过程中，打样的目的有两种，即设计阶段的设计稿打样和印刷前的印刷胶片打样。

14.4　输出作品

图像效果设计完成后，有时需要以印刷品的形式输出图像，此时需要将其进行打印输出。

14.4.1　添加打印机

要将创建的图像作品打印，首先要安装和设置打印机。添加打印机就是安装打印机的驱动程序。无论用户是使用网络打印机，还是本地打印机，都需要先安装好打印机驱动程序。

单击“开始”|“控制面板”命令，打开“控制面板”窗口，单击“查看设备和打印机”超链接，如图14-15所示。

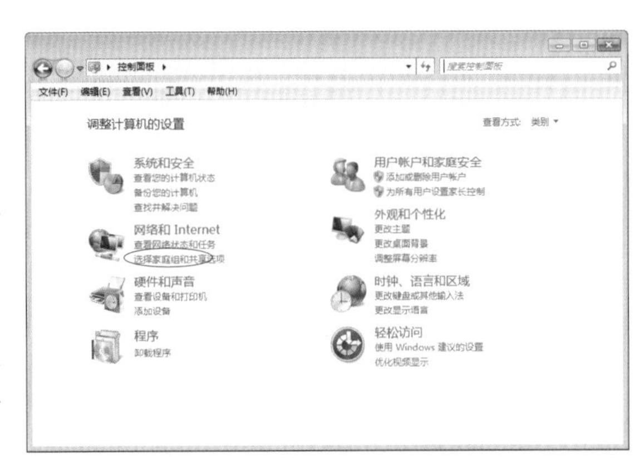

图14-15　“控制面板”窗口

弹出“设备和打印机”窗口，单击“添加打印机”按钮，弹出“要安装什么类型的打印机”界面，选择“添加本地打印机”选项，弹出“安装打印机驱动程序”界面，在“厂商”下拉列表框中选择Microsoft选项，在“打印机”下拉列表框中选择Microsoft XPS Document Writer选项，如图14-16所示。

执行操作后，依次单击“下一步”按钮，弹出“键入打印机名称”界面，在“打印机名称”右侧的文本框中输入打印机名称。依次单击“下一步”按钮，弹出“您已成功添加Microsoft XPS Document Writer（副本1）”界面，如图14-17所示，单击“完成”按钮，完成添加打印机的操作。

图14-16 “安装打印机驱动程序”界面

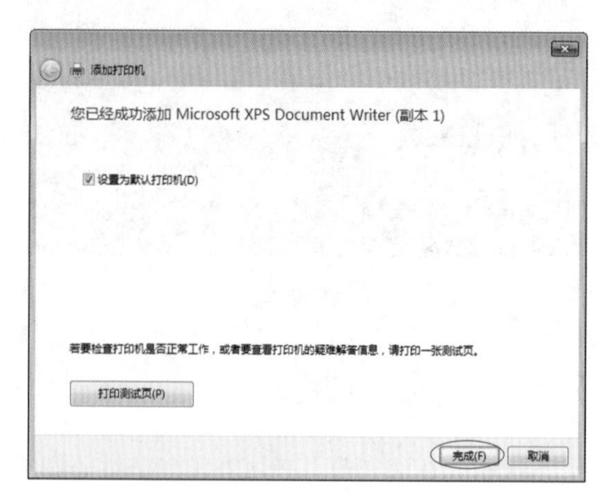

图14-17 “您已经成功添加……”界面

14.4.2 设置打印页面

在图像进行打印输出之前，用户可以根据需要对页面进行设置，从而达到设计作品所需要的效果。单击“开始”|“设备和打印机”命令，打开“设备和打印机”窗口，在Microsoft XPS Document Writer（副本1）图标上，右击，在弹出的快捷菜单中选择“打印机属性”选项，弹出“Microsoft XPS Document Writer（副本1）属性”对话框，单击“首选项”按钮，如图14-18所示。

弹出“Microsoft XPS Document Writer（副本1）打印首选项”对话框，单击右下角的“高级”按钮，弹出“Microsoft XPS Document Writer（副本1）高级选项”对话框，在“纸张规格”下拉别表框中选择A4选项，依次单击“确定”按钮，如图14-19所示，设置纸张尺寸。

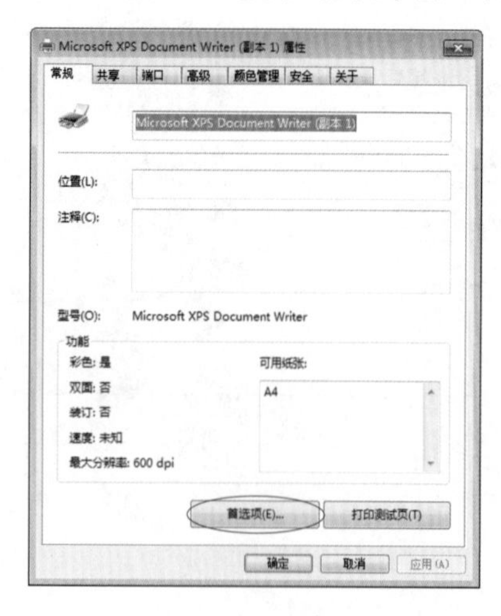

图14-18 单击“首选项”按钮

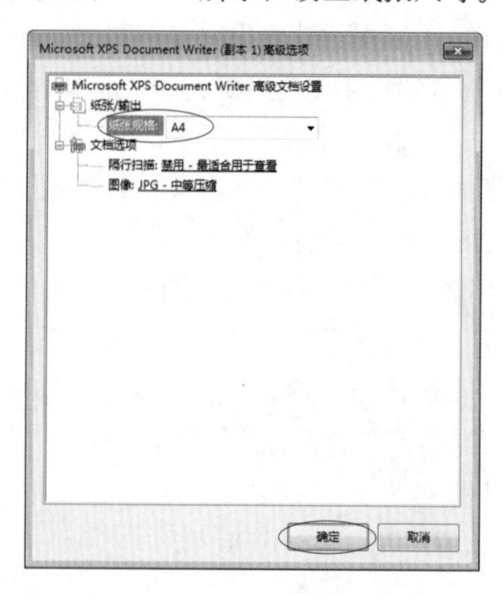

图14-19 单击“确定”按钮

14.4.3　设置打印选项

添加打印机后，用户可以根据不同的工作对打印选项进行合理的设置，这样打印机才会按照用户的要求打印出各种精美的效果。

在 Photoshop CS6 中单击“文件”|“打印”命令，在弹出的“Photoshop 打印设置”对话框中的右侧，选中“居中”复选框，如图 14–20 所示，单击“打印机”右侧的下三角按钮，在弹出的列表框中选择“Microsoft XPS Document Writer（副本 1）”选项，如图 14–21 所示，在“份数”右侧的数值框中输入 1，设置打印为 1 份，单击“完成”按钮，即可完成打印选项的设置。

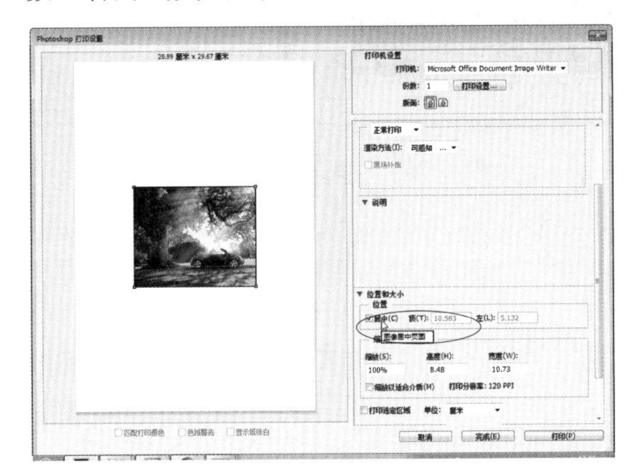

图14–20　选中“居中”复选框

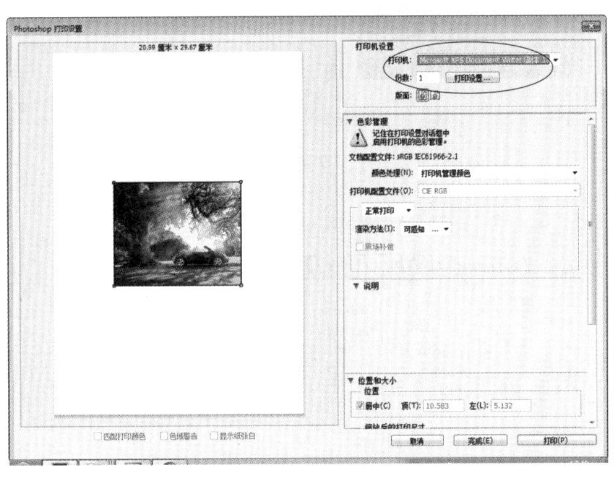

图14–21　选择相应选项

14.4.4　设置输出背景

通过设置输出背景选项，可以设置输出背景效果。图 14–22 所示为素材图像，单击“文件”|“打印”命令，弹出“Photoshop 打印设置”对话框，在该对话框右侧的下拉列表中选择“函数”选项，单击“背景”按钮，如图 14–23 所示。

图14–22　素材图像

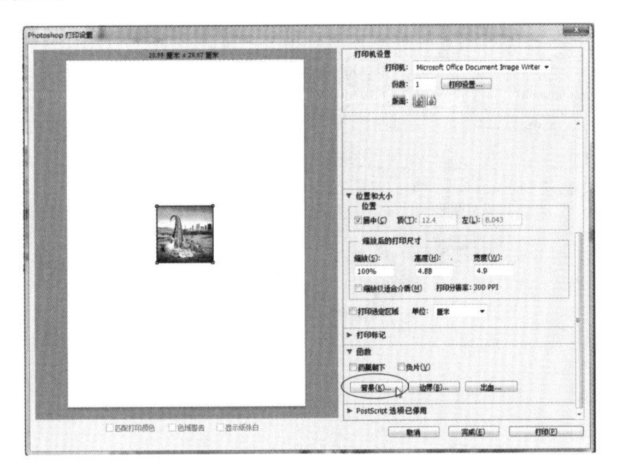

图14–23　单击“背景”按钮

执行此操作后，弹出“拾色器（打印背景色）”对话框，设置 RGB 参数值分别为 0、0、0，如图 14–24 所示，单击“确定”按钮，即可设置输出背景色，如图 14–25 所示，单击“完成”按钮，确认操作。

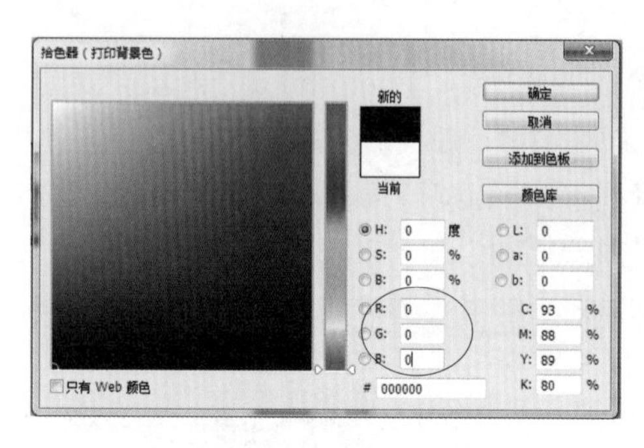

图14-24　设置相应参数

图14-25　设置输出背景色

14.4.5　设置出血边

“出血”是指印刷后的作品在经过裁切成为成品的过程中，4条边上都会被裁剪约3mm左右，这个宽度即被称为“血边”。

	素材文件	光盘 \ 素材 \ 第 14 章 \ 奔跑 .jpg
	效果文件	光盘 \ 效果 \ 第 14 章 \ 奔跑 .psd
	视频文件	光盘 \ 视频 \ 第 14 章 \14.4.5　设置出血边 .mp4

步骤 01 单击“文件”|“打开”命令，打开随书附带光盘的“素材 \ 第 14 章 \ 奔跑 .jpg”素材图像，如图 14-26 所示。

步骤 02 单击“文件”|“打印”命令，弹出“Photoshop 打印设置”对话框，在右侧的列表框中展开“函数”选项，单击“出血”按钮，如图 14-27 所示。

图14-26　素材图像

图14-27　单击“出血”按钮

步骤 03 弹出“出血”对话框，设置“宽度”为 3，如图 14-28 所示。

步骤 04 单击“确定”按钮，设置图像出血边，返回“Photoshop 打印设置”对话框，单击“完成”按钮，即可完成操作，如图 14-29 所示。

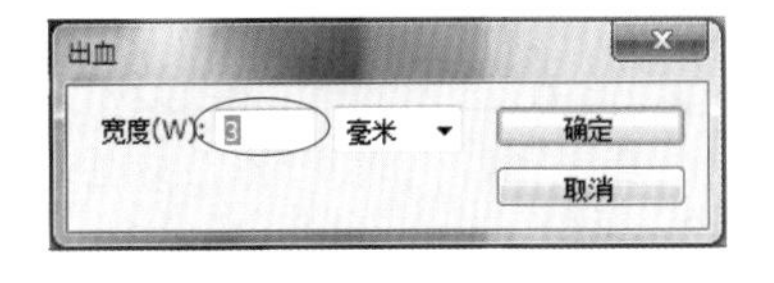

图14-28　设置宽度

图14-29　完成出血边设置

14.4.6　设置图像边界

通过设置图像边界选项，打印出来的成品将添加黑色边框。

	素材文件	光盘 \ 素材 \ 第 14 章 \ 光盘 .jpg
	效果文件	光盘 \ 效果 \ 第 14 章 \ 光盘 .jpg
	视频文件	光盘 \ 视频 \ 第 14 章 \14.4.6　设置图像边界 .mp4

步骤 01　单击“文件”|“打开”命令，打开随书附带光盘的“素材 \ 第 14 章 \ 光盘 .jpg”素材图像，如图 14-30 所示。

步骤 02　单击“文件”｜“打印”命令，弹出“Photoshop 打印设置”对话框，在该对话框右侧的下拉列表中选择“函数”选项，单击“边界”按钮，如图 14-31 所示。

图14-30　素材图像

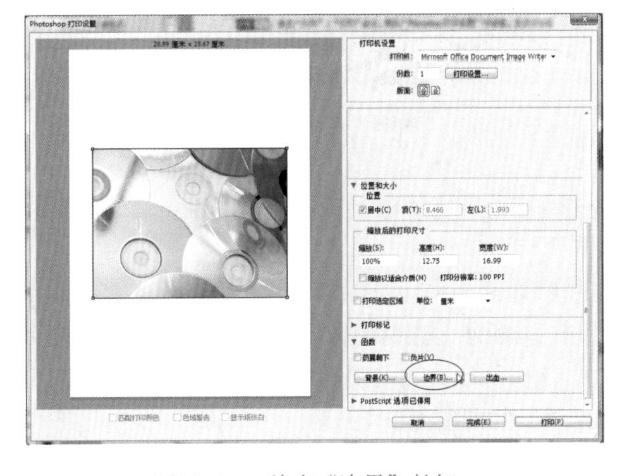

图14-31　单击“边界”按钮

步骤 03　弹出“边界”对话框，设置“宽度”为 3.5 毫米，如图 14-32 所示。

步骤 04　单击“确定”按钮，即可设置图像边界，单击“完成”按钮，如图 14-33 所示。

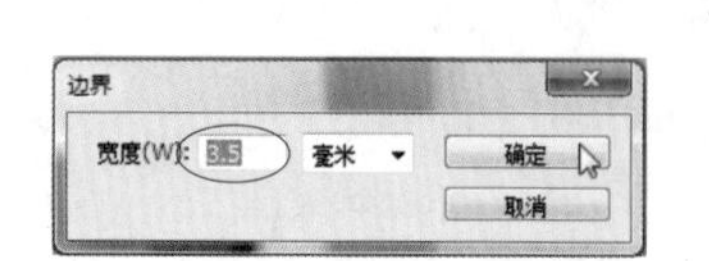

图14-32　设置“宽度”为3.5毫米

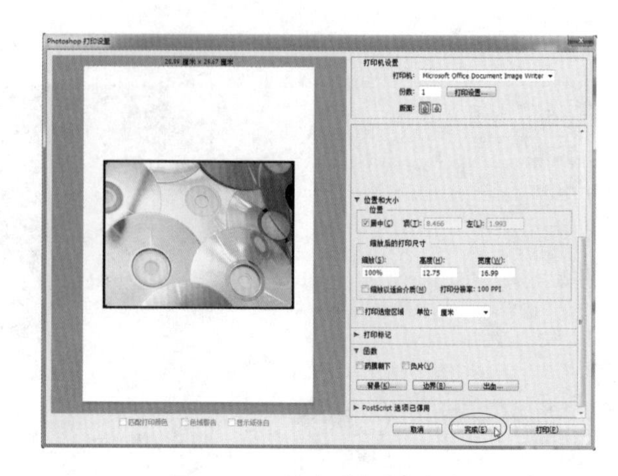

图14-33　单击“完成”按钮

14.4.7　预览打印效果

在Photoshop CS6中打印图像时，可预览打印效果，如图14-34所示为素材图像，单击“文件”|“打印”命令，弹出“Photoshop打印设置”对话框，该对话框左侧是一个图像预览窗口，可以预览打印的效果，如图14-35所示。

图14-34　素材图像

图14-35　预览打印效果

14.4.8　打印输出图像

设置完打印选项后，即可将图像进行打印输出，如图14-36所示为素材图像，单击“文件”|“打印”命令，弹出“Photoshop打印设置”对话框，预览需要打印的图像，如图14-37所示。

单击“打印”按钮，弹出“打印”对话框，选中“当前页面”单选按钮，并在“份数”数值框中输入1，如图14-38所示，单击“打印”按钮，弹出信息提示框，提示将打印当前的作品，如图14-39所示，稍后即可打印图像。

图14-36　素材图像

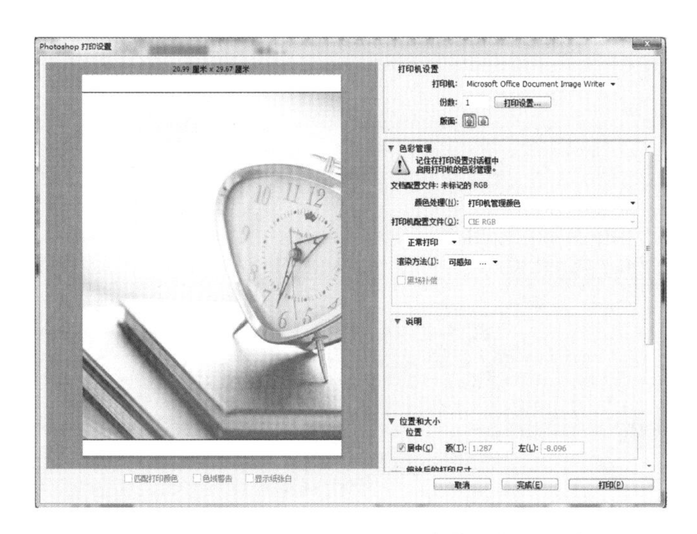

图14–37 预览需要打印的图像

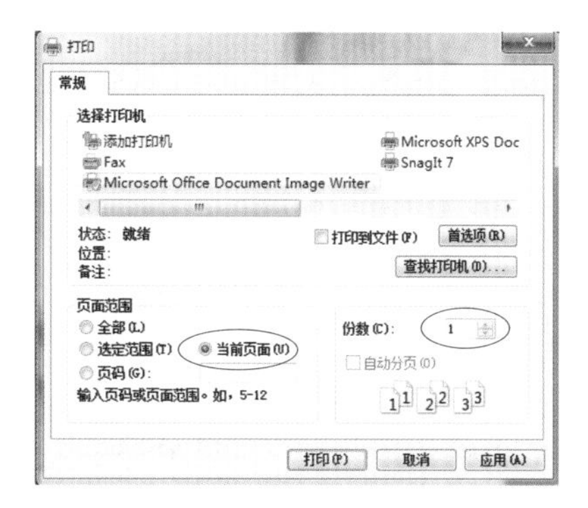

图14–38 输入“份数”数值

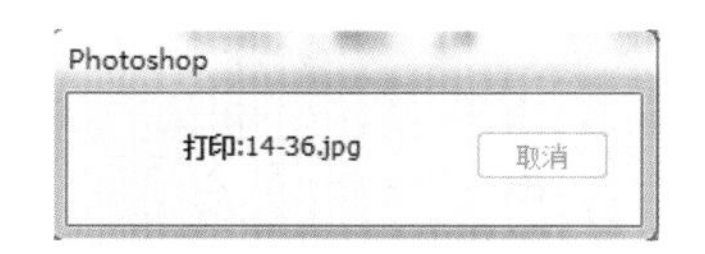

图14–39 提示信息框

本 章 小 结

本章主要学习如何通过 Photoshop CS6 对图像进行输入与输出，内容包括输入图像的 3 种方法、打印图像前的准备工作、图像印刷的流程及图像的输出。

课 后 习 题

鉴于本章知识的重要性，为帮助用户更好地掌握所学知识，通过课后习题对本章内容进行简单的知识回顾。

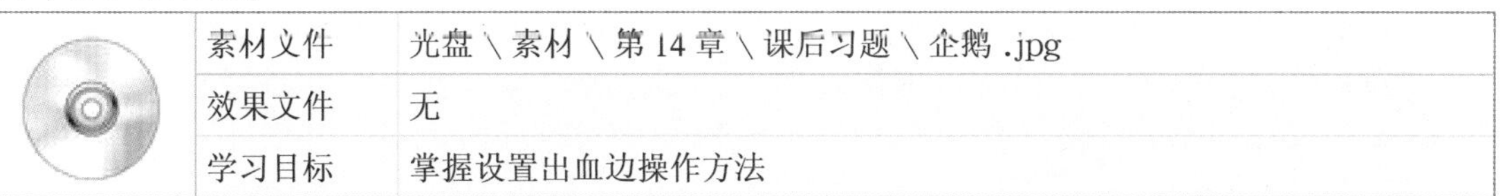

	素材文件	光盘 \ 素材 \ 第 14 章 \ 课后习题 \ 企鹅 .jpg
	效果文件	无
	学习目标	掌握设置出血边操作方法

本习题需要设置素材出血边的位置，素材如图 14–40 所示，最终效果如图 14–41 所示。

图14–40 素材图像

图14–41 效果图

第15章

图像处理综合案例

本章引言

在 Photoshop CS6 中，用户可以运用各种作图工具与技巧，来制作与美化图像，之前的章节讲解了 Photoshop CS6 中的各种工具与技巧，本章以知识补充与回顾为主，以综合案例的形式将图片处理、卡片设计、海报设计、画册设计、包装设计中所需技巧展示出来，希望用户可以熟练掌握。

本章主要内容

■ 15.1　图片处理——花中蝴蝶

■ 15.2　卡片设计——色彩名片

■ 15.3　海报设计——数码摄影机

■ 15.4　画册设计——汽车宣传画册

■ 15.5　包装设计——书籍包装

15.1　图片处理——花中蝴蝶

本案例制作的是花中蝴蝶的风景类合成效果，借用了北宋文人欧阳修的词牌名《蝶恋花》之意，通过蝴蝶、蜗牛与树叶的亲密接触，体现了自然的一种和谐，效果如图 15–1 所示。

图15–1　花中蝴蝶合成效果

	素材文件	光盘 \ 素材 \ 第 15 章 \ 蝴蝶.jpg、花 1.jpg、花.psd、蜗牛.psd、蝴蝶 1.psd、蝴蝶 2.psd
	效果文件	光盘 \ 效果 \ 第 15 章 \ 花中蝴蝶 .psd
	视频文件	光盘 \ 视频 \ 第 15 章 \15.1　图片处理——花中蝴蝶 .mp4

15.1.1　抠取蝴蝶图像

步骤 01 单击“文件”|“打开”命令，打开随书附带光盘的“素材 \ 第 15 章 \ 蝴蝶 .jpg”素材图像，如图 15–2 所示。

步骤 02 在“图层”面板中双击“背景”图层，弹出“新建图层”对话框，各选项为默认设置，单击“确定”按钮，将“背景”图层转换为“图层 0”图层，如图 15–3 所示。

图15–2　素材图像

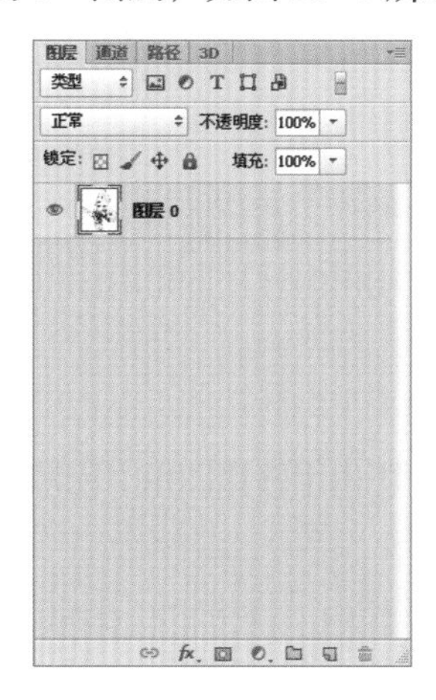

图15–3　转换图层

步骤 03 选取工具箱中的魔棒工具，在工具属性栏中设置“容差”为10，在白色区域上进行单击，如图15-4所示。

步骤 04 按【shift】键，在白色区域上多次进行单击，效果如图15-5所示。

图15-4 使用魔棒工具

图15-5 选中白色区域

步骤 05 按【Shift+Ctrl+I】组合键进行反选操作，按【Ctrl+J】组合键复制新图层“图层1”图层，如图15-6所示。

步骤 06 隐藏背景图层，得到抠取蝴蝶图像，效果如图15-7所示。

图15-6 复制新图层

图15-7 得到抠取蝴蝶图像

15.1.2 制作“花中蝴蝶”的整体效果

步骤 01 单击“文件”|“打开”命令，打开随书附带光盘的“素材\第15章\花1.jpg”素材图像，如图15-8所示。

步骤 02 切换至蝴蝶图像，选取工具箱中的移动工具，在图像编辑窗口中拖动，将蝴蝶图像移至花图像中，如图15-9所示，在“图层”面板中将自动生成“图层1”图层。

步骤 03 单击“编辑”|“变换”|“缩放”命令，调出变换控制框，将鼠标指针移至变换控制框的右上角，按住【Shift + Alt】组合键的同时，拖动，缩小图像，按【Enter】键确认变换操作，并将图像移至合适位置，如图15-10所示。

图15-8 素材图像

图15-9 拖动图像

步骤 04 单击“文件”|“打开”命令，打开随书附带光盘“素材\第15章\花.psd”素材图像，如图15-11所示。

图15-10 变换图像

图15-11 素材图像

步骤 05 按【Ctrl + A】组合键，全选图像，按【Ctrl + C】组合键，复制选区内的图像，切换至花1素材图像，按【Ctrl + V】组合键，粘贴选区内的图像，如图15-12所示，在“图层”面板中将自动生成“图层2”图层。

步骤 06 单击“编辑”|“变换”|“水平翻转”命令，将图像水平翻转，如图15-13所示。

图15-12 粘贴选区内的图像

图15-13 水平翻转图像

步骤 07 按【Ctrl + T】组合键，调出变换控制框，将鼠标指针移至变换控制框的右上角，拖动，放大图像，按【Enter】键确认变换操作，并将其拖动至合适位置，如图15-14所示。

步骤 08 单击“图层”面板底部的“添加矢量蒙版”按钮，为“图层 2”图层添加图层蒙板，如图 15–15 所示。

图15–14　变换图像

图15–15　添加图层蒙版

步骤 09 按【D】键，设置前景色为黑色、背景色为白色，选取工具箱中的画笔工具，在工具属性栏中设置“不透明度”为 20%，单击“画笔”右侧的下拉按钮，在弹出的列表框中设置“大小”为 70 像素、“硬度”为 50%，单击“图层蒙板缩览图”，然后在图像编辑窗口中花的边缘处进行涂抹，效果如图 15–16 所示。

步骤 10 在“图层”面板中设置“图层 2”图层的“不透明度”为 80%，效果如图 15–17 所示。

图15–16　使用画笔工具涂抹图像后的效果

图15–17　设置图层不透明度

步骤 11 单击“文件”|“打开”命令，打开随书附带光盘的“素材 | 第 15 章 \ 蜗牛 .psd”素材图像，如图 15–18 所示。

步骤 12 选取工具箱中的移动工具，在图像编辑窗口中拖动，将蜗牛图像拖动至花 1 素材图像中，如图 15–19 所示。

步骤 13 按【Ctrl + T】组合键，调出变换控制框，将鼠标指针移至变换控制框的右上角，按【Shift + Alt】组合键的同时，拖动，等比例缩小蜗牛图像，效果如图 15–20 所示。

步骤 14 将鼠标指针移至变换控制框的外侧，当鼠标指针呈双向弯曲箭头时，拖动，旋转蜗牛图像，并将图像移至合适位置，按【Enter】键确认变换操作，如图 15–21 所示。

图15-18　素材图像

图15-19　拖动图像

图15-20　缩小蜗牛图像

图15-21　变换图像完成

步骤 15 单击“文件”|“打开”命令，打开随书附带光盘“素材 \ 第 15 章 \ 蝴蝶 1.psd、蝴蝶 2.psd”素材图像，如图 15-22 所示。

图15-22　素材图像

步骤 16 用与上相同的方法，调整图像至合适位置和大小，效果如图 15-23 所示。

图15-23　完成花中蝴蝶效果

15.2 卡片设计——色彩名片

本案例设计的是一款七彩创意空间的色彩名片，运用了色彩感较强的颜色素材，整体设计色彩鲜艳、明亮、主题明确，效果如图 15-24 所示。

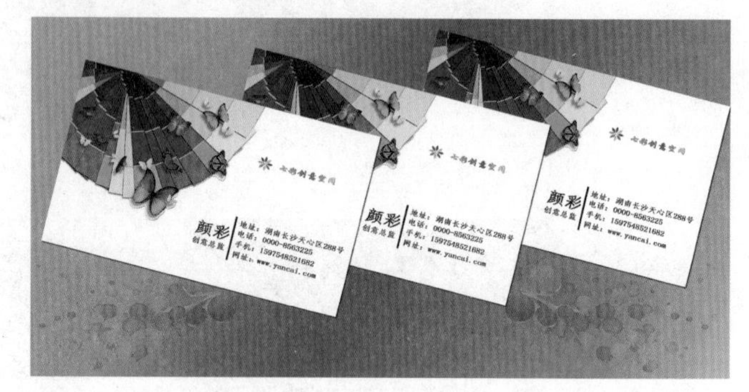

图15-24 七彩创意空间名片效果

	素材文件	光盘 \ 素材 \ 第 15 章 \ 色彩 .psd、七彩空间标识 .psd、色彩背景 .jpg
	效果文件	光盘 \ 效果 \ 第 15 章 \ 色彩名片 .psd
	视频文件	光盘 \ 视频 \ 第 15 章 \15.2 卡片设计——色彩名片 .mp4

15.2.1 制作色彩名片的图像部分

步骤 01 单击“文件”|“新建”命令，新建一幅名为“色彩名片”的 RGB 模式图像，设置“宽度”和“高度”分别为 9 厘米和 5.4 厘米、“分辨率”为 300，“背景内容”为白色，如图 15-25 所示，单击“确定”按钮。

步骤 02 单击“文件”|“打开”命令，打开随书附带光盘的“素材 \ 第 15 章 \ 色彩 .psd”素材图像，如图 15-26 所示。

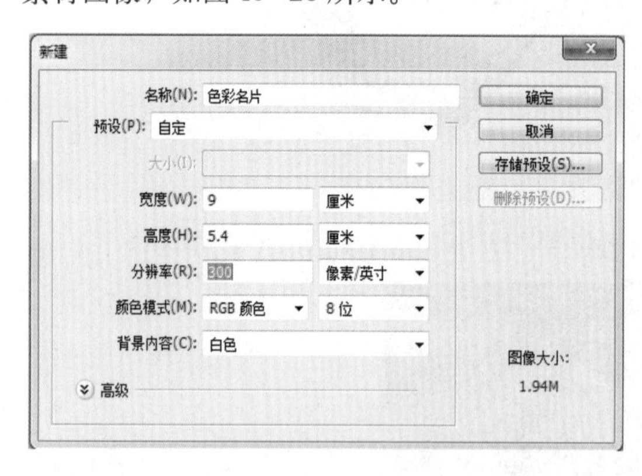

图15-25 设置参数

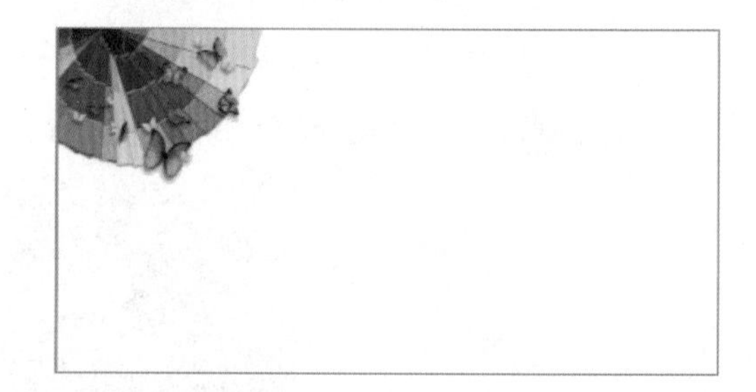

图15-26 素材图像

步骤 03 选取工具箱中的移动工具，在打开的色彩窗口中的蝴蝶色块上拖动至色彩名片窗口中，调整其大小并放置在合适位置，如图 15-27 所示。

步骤 04 单击“文件”|“打开”命令，打开随书附带光盘的“素材 \ 第 15 章 \ 七彩空间标识 .psd”素材图像，如图 15-28 所示。

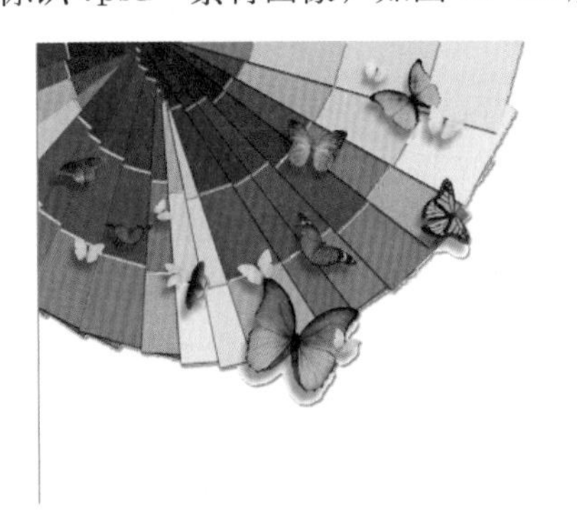

图15-27　拖动并调整图像

图15-28　素材图像

步骤 05 选取工具箱中的移动工具，在窗口中的标识上拖动至色彩名片窗口中，调整其大小并放置在合适位置，效果如图 15-29 所示。

图15-29　拖动并调整图像

15.2.2　制作色彩名片的文字效果

步骤 01 选取工具箱中的横排文字工具，在调出的“字符”面板中，设置各选项，如图 15-30 所示。

步骤 02 在编辑窗口中输入文本“七彩创意空间”，放置合适位置，如图 15-31 所示。

图15-30　设置各选项

图15-31　输入文本

步骤 03 在“图层”面板中的“七彩创意空间”图层上右击，在弹出的快捷菜单中选择“栅格化文字”选项，然后按住【Ctrl】键的同时，单击“七彩创意空间”图层，即可将输入的文字载入选区，如图 15-32 所示。

步骤 04 选取工具箱中的渐变工具，单击“点按可编辑渐变”按钮，在弹出的“渐变编辑器”对话框中设置从左到右的颜色色块分别为草绿色（RGB 值为 107、175、30）、黄色（RGB 值为 212、195、7）、红色（RGB 值为 214、50、125）、橘色黄色（RGB 值为 237、125、25）、蓝色（RGB 值为 101、182、223），如图 15-33 所示。

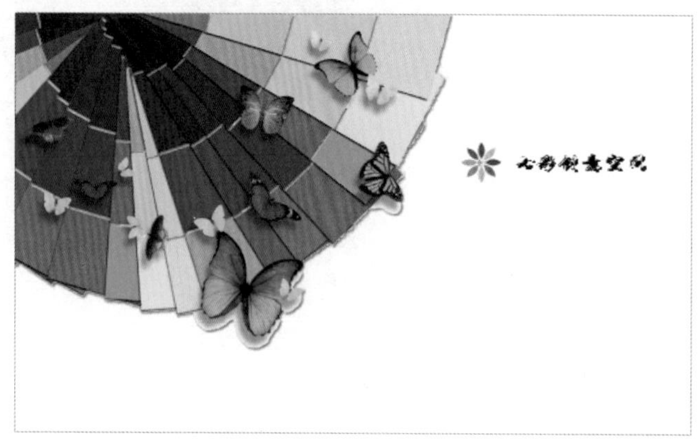

图15-32 载入选区

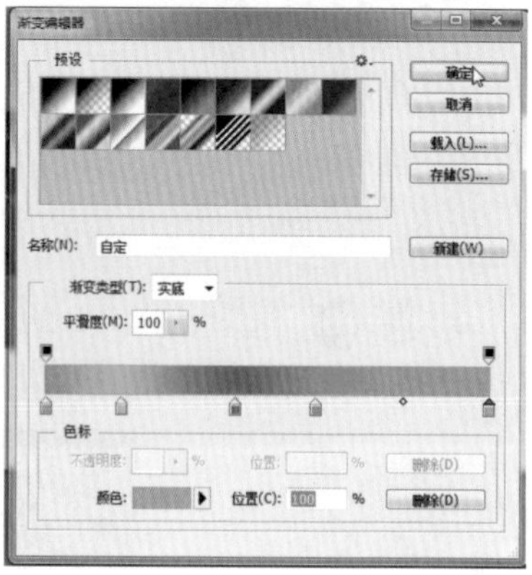

图15-33 设置色块

步骤 05 单击“确定”按钮，在编辑区中的文字区域，拖动，至合适位置后释放鼠标，从右至左渐变填充文字，按【Ctrl + D】组合键，取消选区，得到效果如图 15-34 所示。

步骤 06 选取工具箱中的横排文字工具，在调出的“字符”中，设置各选项，如图 15-35 所示，其中颜色 RGB 值为 3、10、26。

图15-34 渐变填充文字

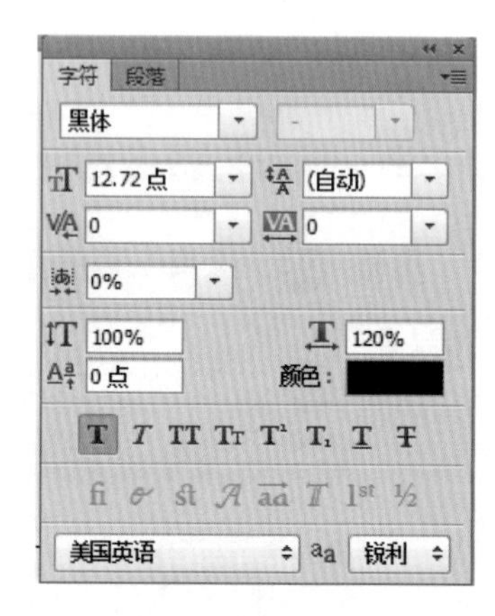

图15-35 设置各选项

步骤 07 在编辑窗口的合适位置输入文本“颜彩”，如图 15-36 所示。

步骤 08 用与上相同的方法，添加其他的文字，设置好字体、字号、颜色等，并调整至合适位置，得到效果如图 15-37 所示。

图15-36　输入文本

图15-37　输入其他文字

步骤 09 新建“图层 2”图层，绘制一个黑色的填充矩形，并调整至合适位置，效果如图 15-38 所示。

图15-38　绘制填充矩形

15.2.3　制作色彩名片的整体效果

步骤 01 单击“文件”|“打开”命令，打开随书附带光盘的“素材\第 15 章\色彩背景 .jpg”素材图像，如图 15 39 所示。

步骤 02 将色彩名片窗口中的图层合并为“背景”图层，选取工具箱中的移动工具，在合并的“背景”图层上拖动至色彩背景窗口中，调整其大小与位置，如图 15-40 所示，在“图层”面板上自动生成“图层 1”图层。

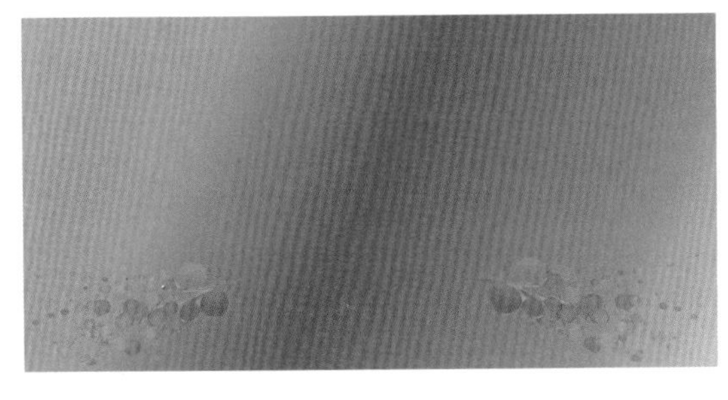

图15-39　素材图像

图15-40　调整图像与位置

步骤 03 在“图层 1”图层上右击，在弹出的快捷菜单中选择“混合选项”选项，弹出“图层样式”对话框，在样式选项区中选中“投影”复选框，在右侧的“投影”参数面板中设置各参数，如图 15−41 所示。

步骤 04 单击“确定”按钮，即可为图像添加投影效果，如图 15−42 所示。

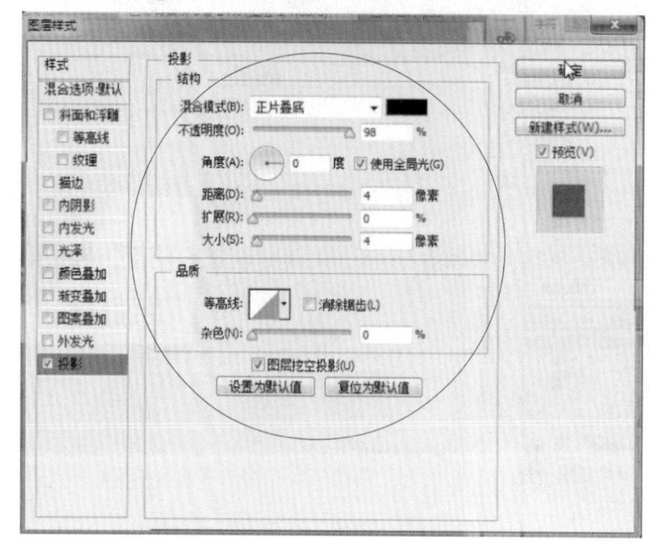

图15−41　设置各参数

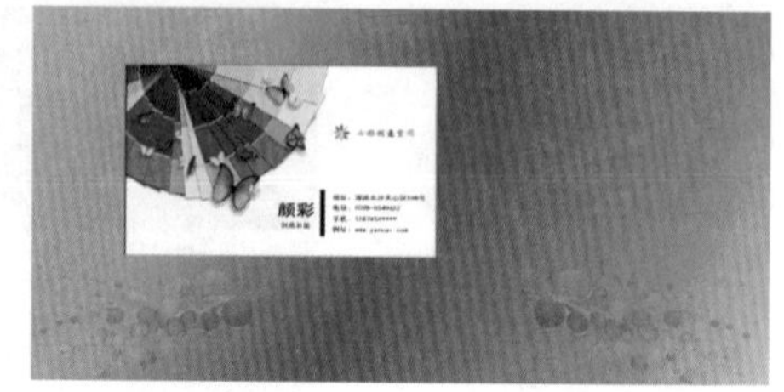

图15−42　为图像添加投影效果

步骤 05 按【Ctrl + T】组合键，调出变换控制框，调整图像右上角的控制柄，旋转图片，按【Enter】键，确认变换操作，调整至合适位置，如图 15−43 所示。

步骤 06 复制两个图层，并调整至合适位置，效果如图 15−44 所示。

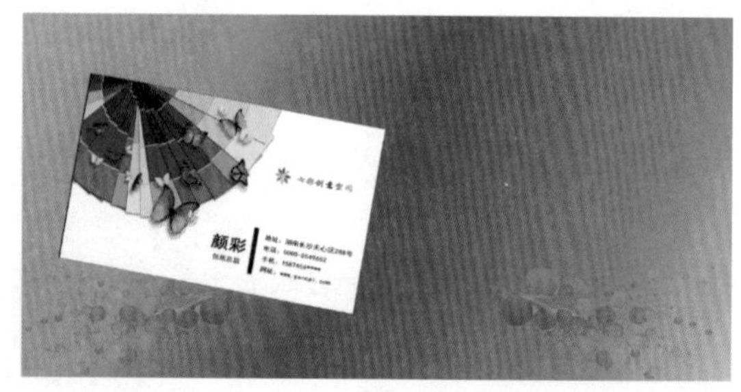

图15−43　调整图像

图15−44　调整其他图像

15.3　海报设计——数码摄影机

本案例设计的是一款海尔数码摄影机海报广告，在创意和设计上，采用了插画的设计风格(这种风格在商业应用中日趋流行)，摄影机的风景采用了写实的表现手法，这样的画面空间层次感较强，引寓生活的多姿多彩，效果如图 15−45 所示。

图15-45　海尔数码产品海报效果

<table>
<tr><td rowspan="3">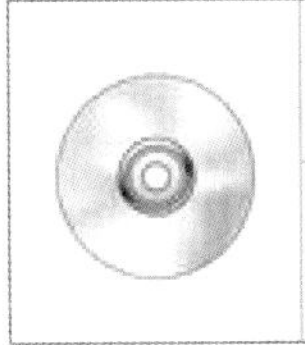</td><td>素材文件</td><td>光盘 \ 素材 \ 第 15 章 \ 草 .jpg、动漫人物 .psd、摄影机 A .jpg、摄影机 B.jpg 等</td></tr>
<tr><td>效果文件</td><td>光盘 \ 效果 \ 第 15 章 \ 数码摄影机海报 .psd</td></tr>
<tr><td>视频文件</td><td>光盘 \ 视频 \ 第 15 章 \15.3　海报设计——数码摄影机 .mp4</td></tr>
</table>

15.3.1　制作海报的背景效果

步骤 01 单击“文件”|“新建”命令，新建一幅名为“数码摄影机海报”的 CMYK 模式图像，设置相关参数，单击“确定”按钮，如图 15-46 所示。

步骤 02 设置前景色为青绿色（CMYK 的参数值分别为 82%、34%、51%、0%），单击“图层”|“新建”|“图层”命令，创建“图层 1”图层，选取工具箱中的矩形选框工具，在图像编辑窗口的底部拖动，创建一个矩形选区，如图 15-47 所示。

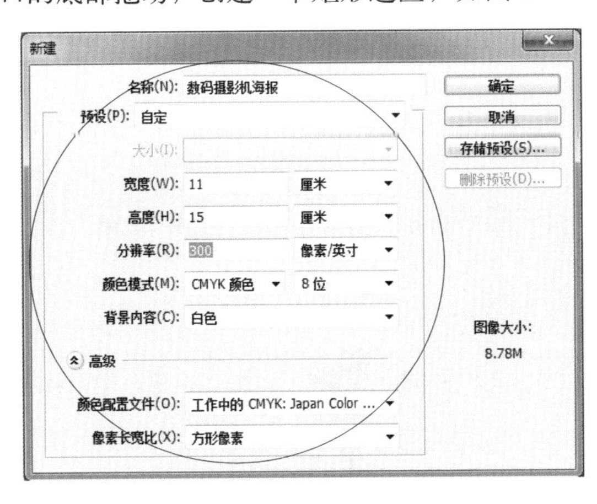

图15-46　设置参数

图15-47　创建矩形选区

步骤 03 选取工具箱中的椭圆选框工具，在工具属性栏上单击“添加到选区”按钮，在图像编辑窗口的合适位置拖动，绘制一个椭圆选区，使椭圆选区与矩形选区相交，如图 15-48 所示。

步骤 04 释放鼠标，将绘制的椭圆选区添加到选区，如图 15−49 所示。

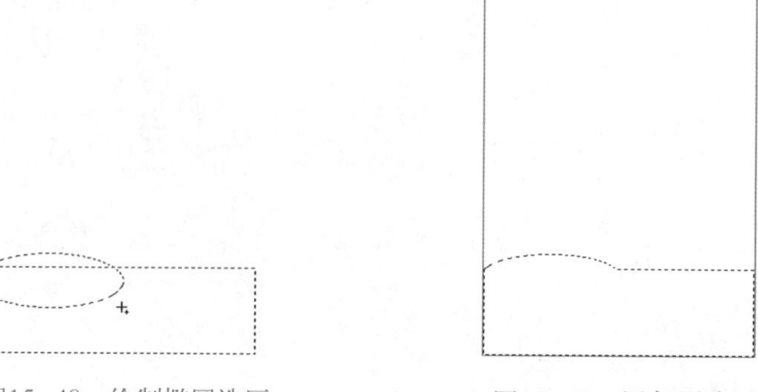

图15−48　绘制椭圆选区　　　图15−49　添加到选区

步骤 05 用与上相同的方法，在工具属性栏上单击“从选区中减去”按钮，使用椭圆选框工具创建椭圆选区，如图 15−50 所示。

步骤 06 按【Alt + Delete】组合键，填充前景色，按【Ctrl + D】组合键，取消选区，效果如图 15−51 所示。

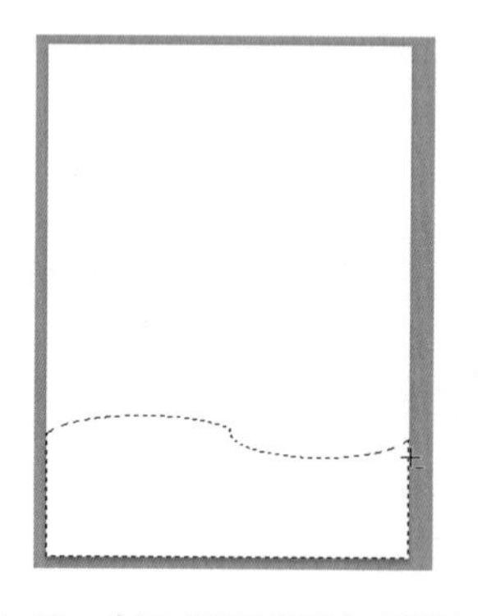

图15−50　创建椭圆并添加到选区

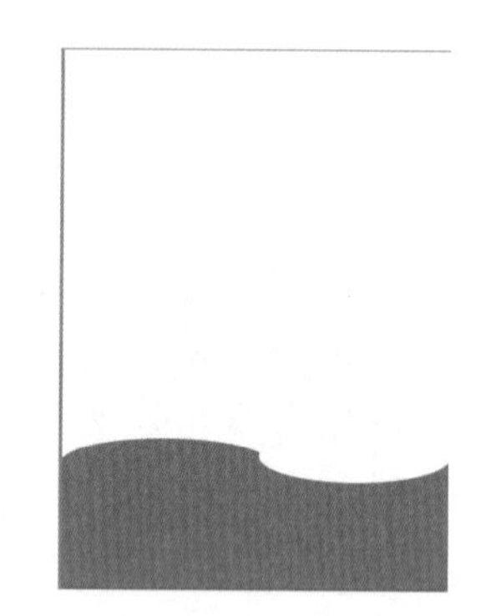

图15−51　填充前景色并取消选区

15.3.2　制作海报的主体效果

步骤 01 单击“文件”|“打开”命令，打开随书附带光盘的“素材 \ 第 15 章 \ 草 .jpg、动漫人物 .psd”素材图像，如图 15−52 所示。

图15−52　素材图像

步骤 02 选取工具箱中的移动工具，分别将素材图像拖动至“数码摄影机海报”窗口中，按【Ctrl + T】组合键，调出变换控制框，缩放图像至合适大小及位置，如图 15-53 所示。

步骤 03 按【D】键，设置前景色为黑色、背景色为白色，单击“图层”|“图层蒙版”|“显示全部”命令，将其添加图层蒙版，选取工具箱中的画笔工具，在其属性栏中设置画笔“大小”为 40，“硬度”为 0%，在图像编辑窗口中的人物脚处绘制，便使其隐藏，如图 15-54 所示。

图15-53　移动并调整图像

图15-54　编辑图层蒙版后的效果

步骤 04 在“图层”面板中的“图层 1”图层上拖动“图层 1”图层至“图层 2”图层的上方，释放鼠标，将其置于“图层 2”图层的上方，调整图层顺序后的效果如图 15-55 所示。

步骤 05 单击“文件”|“打开”命令，打开随书附带光盘的“素材 \ 第 15 章 \ 摄影机 A.jpg”素材图像，如图 15-56 所示。

图15-55　调整图层顺序

图15-56　素材图像

步骤 06 选取工具箱中的磁性套索工具，在图像编辑窗口中的数码摄影机图像偏左上角单击，确认起始点，并向右拖动，绘制磁性路径线，如图 15–57 所示。

步骤 07 用同样的方法，在数码摄影机图像的边缘拖动，将鼠标指针放置于起始点上，此时鼠标指针下方出现了一个小圆形时单击，创建选区，如图 15–58 所示。

图15–57 绘制磁性路径线

图15–58 创建选区

步骤 08 选取工具箱中的移动工具，在创建的选区内拖动图像至“数码摄影机海报”窗口中，并调整其合适大小及位置，如图 15–59 所示。

步骤 09 单击“图层”|“图层样式”|“外发光”命令，在弹出的“图层样式”对话框中，设置“混合模式”为“正常”、“扩展”为 0%、“大小”为 46 像素，其中“颜色”为白色（CMYK 的参数值均为 0%），然后单击“确定”按钮，得到效果如图 15–60 所示。

图15–59 拖动并调整图像

图15–60 添加外发光样式

步骤 10 单击“图层”|“复制图层”命令，复制“图层 4 副本”图层，并调整至合适大小及位置，重复上述操作，在调出的“图层样式”对话框中，设置“大小”为 15 像素，得到效果如图 15–61 所示。

步骤 11 单击“文件”|“打开”命令，打开随书附带光盘“素材\第15章\摄影机B.jpg”素材图像，如图15–62所示。

图15–61　添加复制图层外发光样式后的效果

图15–62　素材图像

步骤 12 使用磁性套索工具，创建选区，选取数码摄影机，运用移动工具将其拖动至“数码摄影机海报”窗口中，并调整其合适大小及位置，添加“外发光”样式，设置“混合模式”为“正常”、“扩展”为0%、“大小”为46像素，其中“颜色”为白色（CMYK的参数值均为0%），单击“确定”按钮，将“图层5”图层移至“图层4”图层的下方，得到效果如图15–63所示。

步骤 13 重复步骤10的操作，复制“图层5副本”图层，并在“图层样式”对话框中，设置“大小”为15像素，并调整至合适大小及位置效果如图15–64所示。

图15–63　添加外发光样式

图15–64　添加复制图层外发光样式后的效果

15.3.3　制作海报的文字效果

步骤 01 选取工具箱中的横排文字工具，在调出的“字符”面板中，设置相关参数，其中“颜色”为绿色（CMYK的参数值分别为87%、13%、100%、4%），如图15–65所示。

步骤 02 在图像编辑窗口中的合适位置单击，输入文字“春色无边”，效果如图15-66 所示。

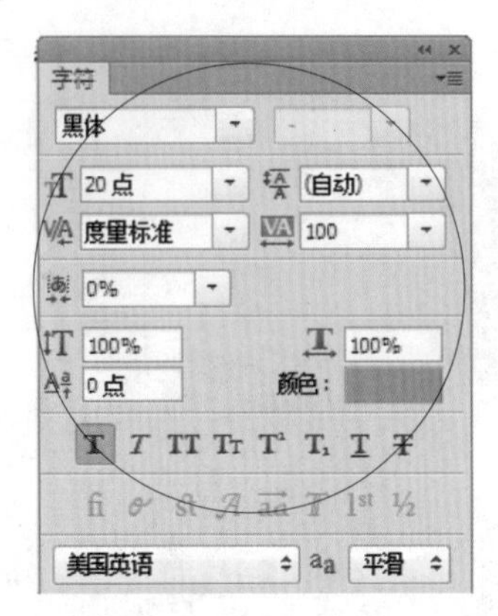

图15-65　设置“字符”面板参数

图15-66　输入文字

步骤 03 将鼠标指针移至“色”字的后面，向左拖动，选中“色”字，在“字符”面板中，设置“字号”为 34 点、“颜色”为红色（CMYK 的参数值分别为 0%、94%、95%、0%），按【Ctrl + Enter】组合键，确认输入的文字，效果如图 15-67 所示。

步骤 04 选取工具箱中的横排文字工具，在“字符”面板中，设置“字体”为“黑体”、“字号”为 5、“颜色”为白色，然后切换至输入法状态，在输入法状态栏上的软键盘上单击，在弹出的快捷菜单中选择“特殊符号”选项，选择所需要的符号，如图 15-68 所示。

图15-67　更改文字属性

图15-68　选择所需符号

步骤 05 单击，即可插入符号，如图 15-69 所示。

步骤 06 在插入符号后面输入相应文本，并对文本进行相应设置，如图 15-70 所示。

步骤 07 在插入符号后面输入相应文本，并对文本进行相应设置，如图 15-71 所示。

步骤 08 单击“文件”|“打开”命令，打开随书附带光盘“素材 \ 第 15 章 \ 素材 .psd”素材图像，拖动图像至“数码摄影机海报”窗口中，并调整其合适大小及位置，效果如图 15-71 所示。

图15-69　插入符号　　图15-70　输入文字和符号　　图15-71　完成效果

15.4　画册设计——汽车宣传画册

本案例设计是一款尊贵版雅志汽车宣传画册，画面以尊贵、大气的深蓝色作为铺垫，衬托出雅志汽车的沉稳与风度，广告整体充满时尚感，将现代科技与生活巧妙融合在一起，彰显宣传广告特性，效果如图 15-72 所示。

图15-72　汽车宣传画册效果

	素材文件	光盘 \ 素材 \ 第 15 章 \ 汽车 .jpg、屋顶 A .psd、屋顶 B .psd、汽车标志 .jpg 等
	效果文件	光盘 \ 效果 \ 第 15 章 \ 汽车宣传画册 .psd
	视频文件	光盘 \ 视频 \ 第 15 章 \15.4　画册设计——汽车宣传画册 .mp4

15.4.1　制作并处理素材图像

步骤 01　单击“文件”|“新建”命令，新建一幅名为“汽车宣传画册”的 CMYK 模式图像文件，设置相关参数，如图 15-73 所示。

步骤 02　按【Ctrl + R】组合键显示标尺，创建参考线，效果如图 15-74 所示。

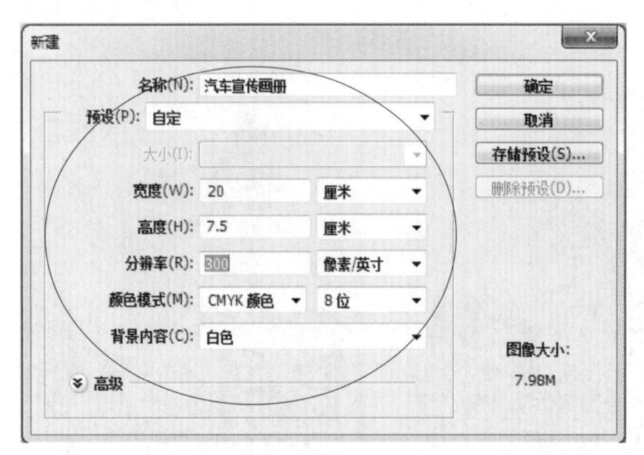

图15-73 设置参数

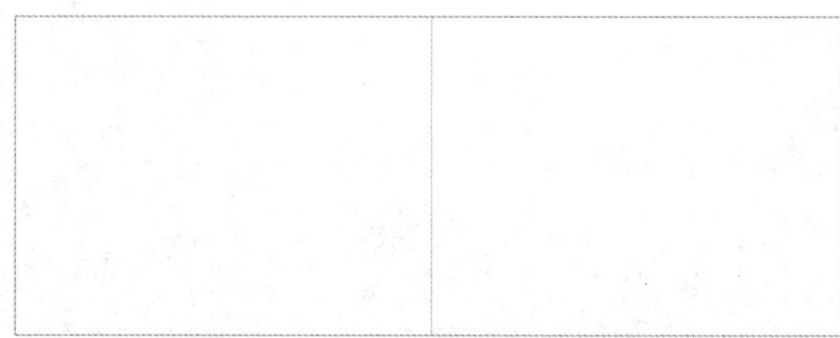

图15-74 创建参考线

步骤 03 设置前景色为深蓝色（CMYK 参数值分别为 99%、100%、49%、10%），填充前景色，效果如图 15-75 所示。

步骤 04 新建“图层 1”图层，运用矩形选框工具，在图像编辑窗口中绘制两个矩形选区，设置前景色为白色，填充前景色，并取消选区，效果如图 15-76 所示。

图15-75 填充前景色

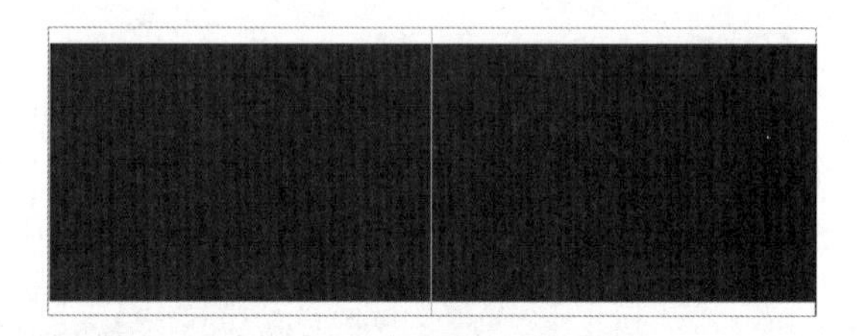

图15-76 取消选区

步骤 05 新建“图层 2”图层，运用矩形选框工具绘制一个矩形选区，效果如图 15-77 所示。

步骤 06 使用渐变工具，在其属性栏中单击“径向渐变”按钮，单击“点按可编辑渐变”按钮，弹出“渐变编辑器”对话框，设置渐变矩形条下方色块分别为填充蓝色（CMYK 参数值分别为 85%、73%、0%、0% ）到浅蓝色（CMYK 参数值分别为 35%、28%、19%、0%），取消选区，效果如图 15-78 所示。

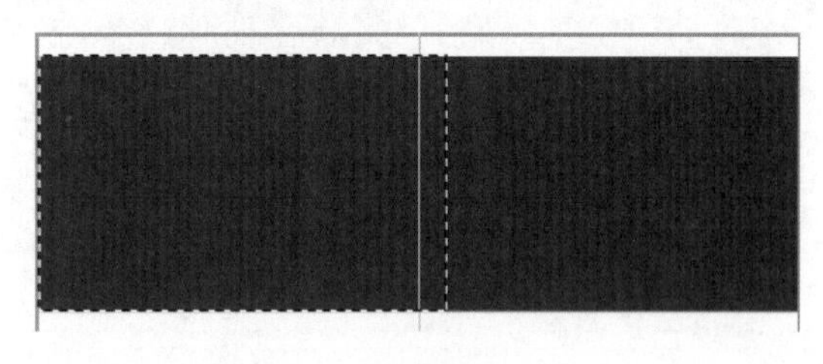

图15-77 绘制矩形选区

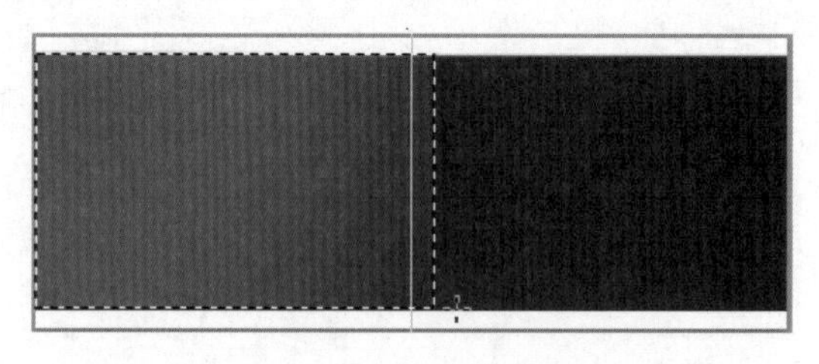

图15-78 填充径向渐变

步骤 07 单击“文件”|“打开”命令，打开随书附带光盘的“素材 \ 第 15 章 \ 汽车 .jpg”素材图像，如图 15-79 所示。

步骤 08 双击“背景”图层，弹出“新建图层”对话框，各选项为默认设置，单击“确定”

按钮，即可将“背景”图层转换为“图层 0”图层，运用魔棒工具在图像的空白处单击，在工具属性栏上设置“容差”为 2，选取白色区域，按【Delete】键，按【Ctrl + D】组合键，取消选区，效果如图 15−80 所示。

图15−79　素材图像

图15−80　删除图像并取消选区

步骤 09 选取工具箱中的移动工具，将打开的素材图像拖动至“汽车宣传画册”图像编辑窗口中的左侧，为“图层 4”图层添加蒙版，运用黑色的画笔工具涂抹图像的部位，隐藏部分图像，效果如图 15−81 所示。

步骤 10 新建“图层 4”图层，设置前景色为蓝色（CMYK 参数值分别为 100%、100%、34%、0%），运用画笔工具在图像中涂抹，直到将“图层 3”图层中的图像遮盖，效果如图 15−82 所示。

图15−81　隐藏部分图像

图15−82　涂抹图像

步骤 11 确认“图层 4”图层为当前编辑图层，在“图层”面板中设置“图层 4”图层的混合模式为“色相”，效果如图 15−83 所示。

步骤 12 单击“文件”|“打开”命令，打开随书附带光盘的“素材 \ 第 15 章 \ 屋顶 A.psd、屋顶 B.psd”素材图像，运用移动工具将打开的素材图像分别拖动至“汽车宣传画册”图像编辑窗口合适位置，效果如图 15−84 所示。

图15−83　设置图层混合模式后的效果

图15−84　拖动并调整素材

步骤 13 为“图层 5”图层和“图层 6”图层添加蒙版，运用黑色画笔工具，在图像编辑窗口中适当涂抹，隐藏部分图像，如图 15-85 所示。

步骤 14 新建“图层 7”图层，在图像编辑窗口中的左下方绘制一个矩形选区，并填充蓝色（CMYK 参数值分别为 99%、100%、49%、0%），取消选区，如图 15-86 所示。

图15-85 隐藏部分图像

图15-86 填充并取消选区

步骤 15 单击“文件”|“打开”命令，打开随书附带光盘的“素材 \ 第 15 章 \ 汽车标志 .psd”素材图像，运用移动工具将该素材拖动至“汽车宣传画册”图像编辑窗口右侧的合适位置，并适当缩放，如图 15-87 所示。

步骤 16 单击“文件”|“打开”命令，打开随书附带光盘的“素材 \ 第 15 章 \ 汽车局部 1、2、3.psd”素材图像，运用移动工具将素材图像拖动至“雅致汽车宣传画册”图像编辑窗口右侧的合适位置，如图 15-88 所示。

图15-87 打开并调整图像

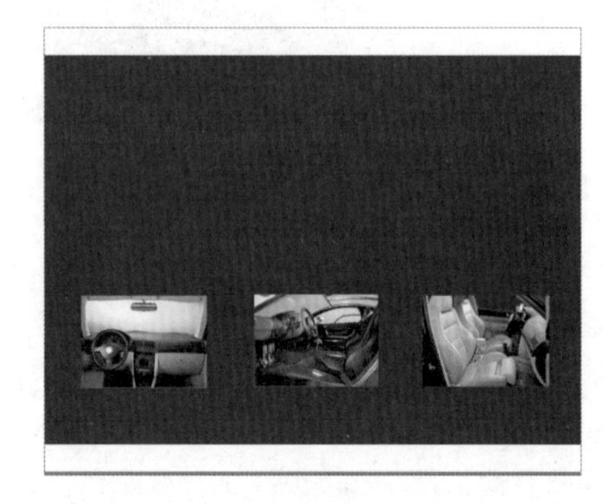

图15-88 拖动并调整图像

步骤 17 双击“图层 8”图层，弹出“图层样式”对话框，选中“描边”复选框，进入“描边”参数面板，设置“结构大小”为“2 像素”、“颜色”为白色，如图 15-89 所示。

步骤 18 单击“确定”按钮，即可为图像添加描边样式，如图 15-90 所示。

步骤 19 在“图层”面板中，将鼠标指针移至“图层 8”图层右侧的“指示图层效果”图标处，按住【Alt】键的同时，向上拖动至“图层 10”图层上，为该图层赋予同样的图层样式，如图 15-91 所示。

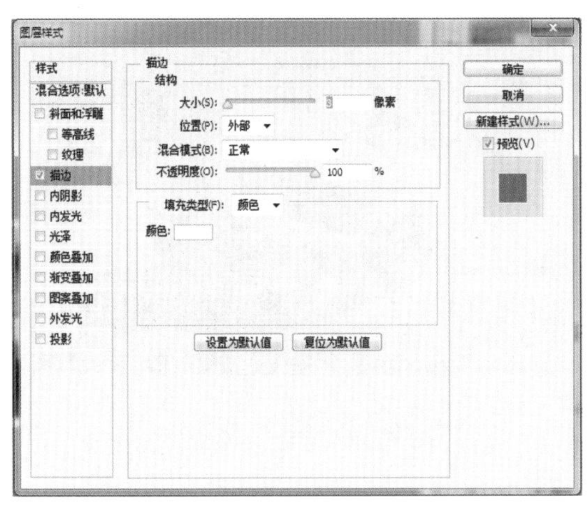

图15−89　设置“描边”参数

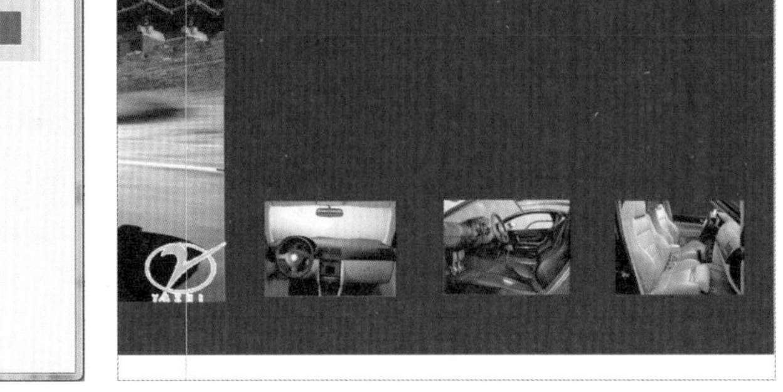

图15−90　为图像添加描边后的效果

步骤 20 选择“图层 9”图层，单击“图层”|“图层样式”|“拷贝图层样式”命令，复制图层样式，在“图层”面板中选择“图层 10”图层和“图层 11”图层，单击“图层”|“图层样式”|“粘贴图层样式”命令，为“图层 10”图层和“图层 11 图层”粘贴图层样式，效果如图 15−92 所示。

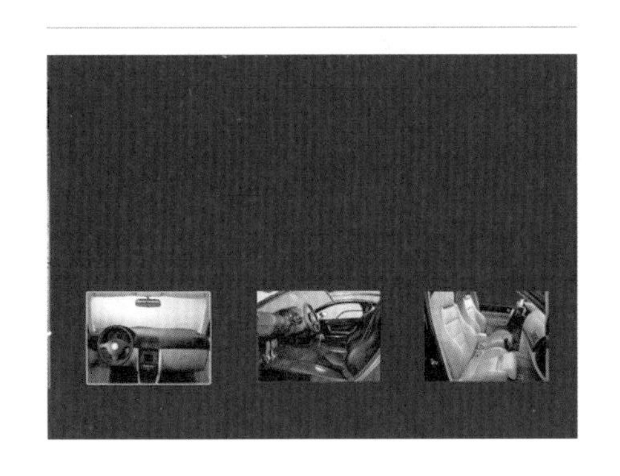

图15−91　复制图层样式

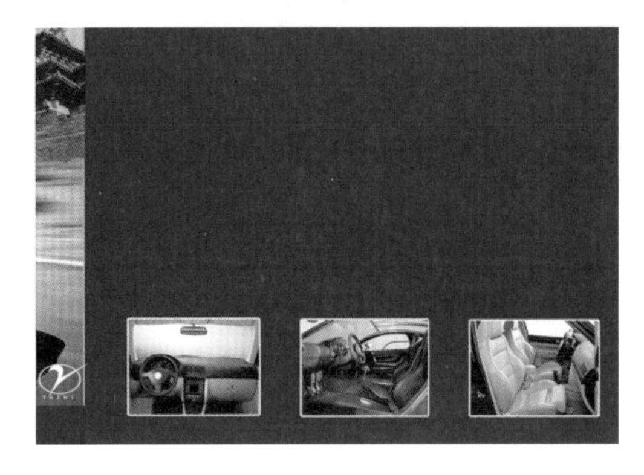

图15−92　粘贴图层样式

15.4.2　画册文字布局

步骤 01 选取工具箱中的横排文字工具，设置“字体”为“华文行楷”、“大小”为 12、“颜色”为黑色，在图像编辑窗口中输入文字，按【Ctrl + Enter】组合键确认，如图 15−93 所示。

步骤 02 单击“文件”|“打开”命令，打开随书附带光盘的“素材\第 15 章\文字素材 A.psd”素材图像，拖动图像至“汽车宣传画册”窗口中，并调整其合适大小及位置，如图 15−94 所示。

步骤 03 选取工具箱中的横排文字工具，设置“字体”为“黑体”、“大小”为 8、“颜色”为白色，在图像编辑窗口中输入文字，按【Ctrl + Enter】组合键确认，如图 15−95 所示。

步骤 04 单击“文件”|“打开”命令，打开随书附带光盘“素材\第 15 章\文字素材 B.psd”，素材图像，拖动图像至“汽车宣传画册”窗口中，并调整其合适大小及位置，如图 15−96 所示。

图15-93　输入文字1

图15-94　插入文字素材1

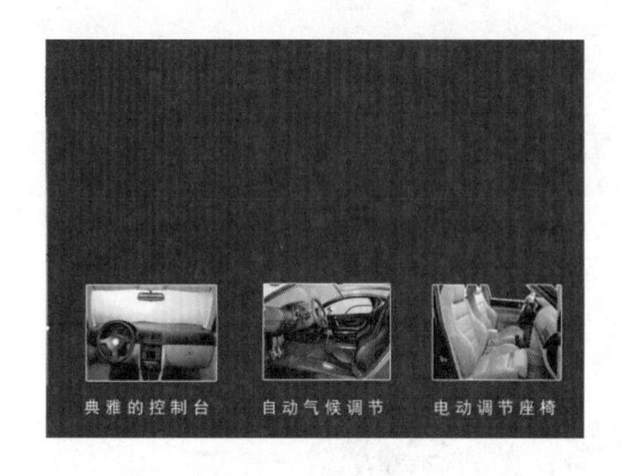

图15-95　输入文字2

图15-96　插入文字素材2

步骤 05 新建“图层 12”图层，运用矩形选框工具，在图像编辑窗口的中间绘制一个矩形选区，选取工具箱中的渐变工具，在选区内填充黑色到透明渐变的线性渐变，并取消选区，在“图层”面板中设置不透明度为 40，制作阴影效果，效果如图 15-97 所示。

图15-97　制作阴影效果

15.5　包装设计——书籍包装

本案例设计的是一本江山如画散文集的书籍封面。本案例使用淡蓝色做主色调，白色做辅助色，以书的名称作为视觉要点，运用图片、文字为设计元素，突出了书籍的主体特性。

本实例最终效果如图 15−98 所示。

图15−98　书籍包装效果

	素材文件	光盘 \ 素材 \ 第 15 章 \ 天空 1.jpg、山海 .jpg、背景 .jpg
	效果文件	光盘 \ 效果 \ 第 15 章 \ 书籍装帧包装 .psd
	视频文件	光盘 \ 视频 \ 第 15 章 \15.5　包装设计——书籍包装 .mp4

15.5.1　制作书籍包装主体效果

步骤 01 单击“文件”|“新建”命令，弹出“新建”对话框，在其中设置各选项，如图 15−99 所示，单击“确定”按钮，即可新建空白文档。

步骤 02 单击“视图”|“新建参考线”命令，弹出“新建参考线”对话框，选中“垂直”单选按钮，依次设置“位置”为 0 厘米、0.3 厘米、2.5 厘米、21 厘米、21.3 厘米，新建 5 条垂直参考线，效果如图 15−100 所示。

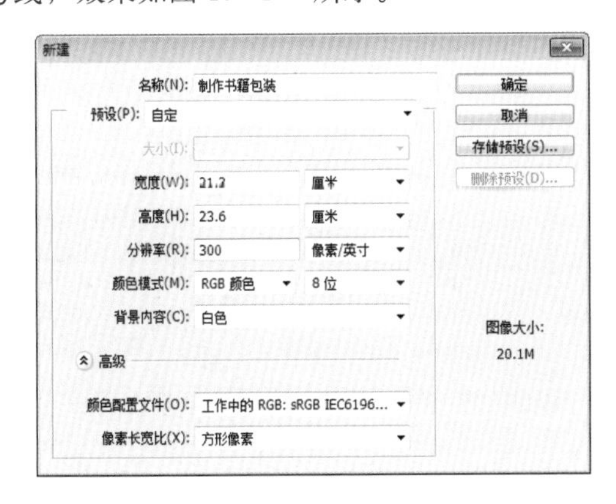

图15−99　设置各选项

图15−100　新建垂直参考线

步骤 03 单击“视图”|“新建参考线”命令，弹出“新建参考线”对话框，选中“水平”单选按钮，依次设置“位置”为 0 厘米、0.3 厘米、23.3 厘米、23.6 厘米，新建 4 条水平参考线，效果如图 15−101 所示。

步骤 04 设置前景色为淡蓝色（RGB 参数值分别为 158、209、231），新建“图层 1”图层，使用矩形工具，依据参考线，绘制一个填充矩形，效果如图 15−102 所示。

图15-101　新建水平参考线

图15-102　绘制一个填充矩形

步骤 05 单击“文件”|“打开”命令，打开随书附带光盘的“素材\第15章\天空1.jpg”素材图像，如图15-103所示。

步骤 06 选取工具箱中的移动工具，将其拖动至“制作书籍包装”图像编辑窗口中的合适位置，并适当调整其大小，在“图层”面板中，设置图层为“滤色”、“不透明度”为81%，效果如图15-104所示。

图15-103　素材图像

图15-104　设置混合模式和不透明度

步骤 07 单击“文件”|“打开”命令，打开随书附带光盘的“素材\第15章\山海.jpg”素材图像，如图15-105所示。

步骤 08 使用移动工具，将其拖动至“制作书籍包装”图像编辑窗口中，并调整图像大小和位置，效果如图15-106所示。

步骤 09 单击“图层”面板底部的“添加矢量蒙版”按钮，添加图层蒙版，运用黑色的画笔工具，调整相应的画笔大小和不透明度，在图像编辑窗口中，对图像进行涂抹，隐藏部分图像，效果如图15-107所示。

图15-105 素材图像

图15-106 置入图像

步骤 10 设置前景色为深青色（RGB 参数值分别为 86、167、196）选取矩形工具，填充相应矩形，新建图层在工具属性栏中设置填充颜色为浅青色（RGB 参数值分别为 159、218、241），绘制相应大小的填充矩形，效果如图 15–108 所示。

图15–107 隐藏部分图像

图15–108 绘制填充矩形

步骤 11 新建图层，设置前景色为红色（RGB 参数值分别为 255、0、0），使用椭圆工具，绘制一个“宽度”和“高度”均为 2 厘米的填充圆形，效果如图 15–109 所示。

步骤 12 新建图层，设置前景色为橙色（RGB 参数值分别为 255、198、0），选取工具箱中的自定形状工具，在工具属性栏中的“形状”下拉列表框中，选择“拼贴 2”选项，设置“选择工具模式”为像素，绘制一个拼贴 2 图形，效果如图 15–110 所示。

图15-109　绘制填充圆形

图15-110　绘制拼贴2图形

步骤 13 按住【Ctrl】键的同时，单击“椭圆 1”图层左侧的缩览图，调出选区，单击“选择”|“反向”命令，并按【Delete】键，删除选区内的图像，并取消选区，效果如图 15-111 所示。

步骤 14 选取工具箱中的直排文字工具，在“字符”面板中，设置“字体”为“华文行楷”、“字号”为 100 点、“字距”为 40、“颜色”为黑色，输入文字，效果如图 15-112 所示。

图15-111　删除图像并取消选区

图15-112　输入文字

步骤 15 选取工具箱中的直排文字工具，输入其他文字，设置好字体、字号、颜色和位置，效果如图 15-113 所示。

步骤 16 新建图层，设置前景色为黑色，选取工具箱中的自定形状工具，在工具属性栏中的“形状”下拉列表框中，选择“窄边圆形边框”选项，绘制一个窄边圆形边框图形，使用移动工具，将其移至合适位置，效果如图 15-114 所示。

图15-113　输入其他文字

图15-114　移动图像

15.5.2　制作书籍包装立体效果

步骤 01　单击“图层”｜“拼合图像”命令，将所有图层合并为“背景”图层，使用矩形选框工具，依据参考线，创建一个矩形选区，效果如图 15-115 所示，按【Ctrl + C】组合键，复制选区内的图像。

步骤 02　单击“文件”|“打开”命令，打开随书附带光盘的“素材 \ 第 15 章 \ 背景 .jpg”素材图像，按【Ctrl + V】组合键，粘贴复制图像，效果如图 15-116 所示。

图15-115　拼合图层并创建选区

图15-116　调整图像的大小和位置

步骤 03　按【Ctrl + T】组合键，调出变换控制框，适当调整图像的大小和位置，效果如图 15-117 所示。

步骤 04　在图像编辑窗口中，右击，在弹出的快捷菜单中，选择“扭曲”选项，依次向下或向上拖动相应的控制柄，扭曲图像，按【Enter】键，确认变换操作，效果如图 15-118 所示。

图15-117　调整图像的大小和位置

图15-118　变换操作

步骤 05 在“图层”面板中，选择“图层 1”图层，复制“图层 1”图层，得到“图层 1 副本”图层，单击“编辑”｜“变换”｜“垂直翻转”命令，垂直翻转图像，并将其移至合适位置，效果如图 15-119 所示。

步骤 06 单击“编辑”｜“变换”｜“斜切”命令，调出变换控制框，向上拖动右侧的控制柄至合适位置，按【Enter】键，确认变换操作，效果如图 15-120 所示。

图15-119　复制垂直翻转并移动图像

图15-120　斜切图像

步骤 07 在“图层”面板中，设置“不透明度”为 40%，单击“图层”面板底部的“添加矢量蒙版”按钮，添加图层蒙版，使用渐变工具，在图像编辑窗口中，从下到上拖动，填充黑色到白色的线性渐变，隐藏部分图像，效果如图 15-121 所示。

步骤 08 使用与上同样的方法，制作书籍的书脊效果，效果如图 15-122 所示。

图15–121　隐藏部分图像

图15–122　制作书籍的书脊效果

步骤 09 在“图层”面板中，选择“背景”图层，设置前景色为深灰色（RGB 参数值均为 74），新建“图层 3”图层，使用多边形套索工具，设置工具栏中的“羽化”为 8 像素，创建一个多边形羽化选区，效果如图 15–123 所示。

步骤 10 使用油漆桶工具，在选区内左击，填充前景色，并取消选区，效果如图 15–124 所示。

图15–123　创建一个多边形羽化选区

图15–124　填充前景色并取消选区

步骤 11 在“图层”面板中，选择“图层 1”图层，单击“图层”｜“图层样式”｜“投影”命令，在弹出的“图层样式”对话框中，设置“不透明度”为 50、“角度”为 1，单击“确定”按钮，添加“投影”图层样式，将“图层 1”图层拖动至最顶层，调整图层顺序，效果如图 15–125 所示。

步骤 12 单击“视图”｜“显示”｜“参考线”命令，隐藏参考线，效果如图 15–126 所示。

图15-125　调整图层顺序

图15-126　最终效果

本章小结

本章通过5个实例的制作，介绍了运用 Photoshop CS6 制作图片处理、卡片设计、海报设计、画册设计、包装设计的技巧与方法，图片的合成、文字效果设计及制作立体效果等。

课后习题

鉴于本章知识的重要性，为帮助用户更好地掌握所学知识，通过课后习题对本章内容进行简单的知识回顾。

	素材文件	光盘 \ 素材 \ 第 15 章 \ 课后习题 \ 会员卡 .jpg
	效果文件	光盘 \ 效果 \ 第 15 章 \ 课后习题 \ 会员卡 .psd
	学习目标	掌握运用制作卡片的操作方法

本习题需要利用素材图像制作会员卡效果，素材如图 15-127 所示，最终效果如图 15-128 所示。

图15-127　素材图像

图15-128　效果图